女孩百科

完美女孩的性格秘密

性格好的女孩最受欢迎！

彭凡／编著

·北京·

图书在版编目（CIP）数据

完美女孩的性格秘密/彭凡编著. —北京：化学工业出版社，2020.7（2023.11重印）
（女孩百科）
ISBN 978-7-122-36959-8

Ⅰ.①完… Ⅱ.①彭… Ⅲ.①女性-性格-青少年读物 Ⅳ.①B848.6-49

中国版本图书馆CIP数据核字（2020）第084292号

责任编辑：丁尚林 马羚玮　　装帧设计：花朵朵图书工作室
责任校对：杜杏然

出版发行：化学工业出版社（北京市东城区青年湖南街13号 邮政编码100011）
印　　装：北京虎彩文化传播有限公司
710mm×1000mm 1/16 印张11 2023年11月北京第1版第3次印刷

购书咨询：010-64518888　　售后服务：010-64518899
网　　址：http：//www.cip.com.cn
凡购买本书，如有缺损质量问题，本社销售中心负责调换。

定　　价：39.80元

前言

每一个女孩都是一颗星星，
千姿百态又各显光彩。
但不是每一颗星星，
都能成为最亮的那一颗，
也不是每个女孩，
都能成为万众瞩目的焦点。

想要成为最耀眼的那颗星，
不是借着别人的光发亮，
更不是盘算着如何掩盖他人的光芒，
而是解开完美性格的秘密，
努力打造最棒的自己。

当你读完这本书时，
你一定会拥有蒲公英的姿态，
向着最广阔的天空飞去，
向着最适合自己的土地奔去，
将最完美的自我华丽绽放！

目录

第1章　向日葵女孩，拥有最多阳光

第2章　矢车菊女孩，甜美中隐藏着坚贞

第3章 祝贺你，木棉花女孩

目录

第4章　郁金香女孩，温暖身边每个人

第5章　满天星女孩，低调的灿烂

第6章 桔梗花女孩，用真诚打动你的心

第1章

向日葵女孩，拥有最多阳光

我要丢掉坏心情

“真倒霉，真倒霉！”

一整天，齐珊都觉得自己头上罩着一团乌云，做任何事情都不顺利。吃早餐，面包里竟吃出小石子，差点把牙硌掉；数学课，因为作业忘带被老师批评；体育课，被分到最讨厌的排球组……

想到这些，齐珊的心瞬间掉到了冰窟窿里，怎么也打不起精神来。吃午饭时，就连平时最爱吃的红烧肉也变得没了滋味。

齐珊是不是生病了？还是她今天真的很倒霉呢？不，都不是，她只是被可恶的坏心情缠住了，所以一点点不顺心的事，就会被无限放大，从而把快乐堵在了门外。

如何抛开坏心情，让快乐光临呢？这可是有秘诀的。

丢掉坏心情的秘诀

装出一份好心情

遇到不顺心的事，我们可以试着让自己微笑。也许一开始会觉得很勉强，但紧接着你会发现，烦恼渐渐缩小了，心情慢慢变好了。

转移自己的情绪

生活中糟糕的事很多，快乐的事儿也不少。心情不好时，强迫自己想一些快乐的事儿，把那些可恨的坏情绪全部丢掉。

和乐观的朋友在一起

把自己关起来，独自承受痛苦，心情当然会越来越差啦！走出去，和那些性格开朗的朋友在一起，多多感受他们的好心情，很容易就会被感染了。

心情好了，自然看什么都顺眼，做什么都顺心啦！坏事情统统都会躲到一边去。

痛苦正一点点变大吗？

有个农妇，不小心打破了一个鸡蛋，便坐在门口哇哇大哭。路过的邻居觉得好奇，就问道：“不就一只鸡蛋吗？至于伤心成这样吗？”

农妇一边哭，一边说：“我打碎的哪止一个鸡蛋呀！一个鸡蛋可以孵出一只小鸡，小鸡长大后变成母鸡，母鸡又会下很多蛋，蛋又可以孵出很多小鸡，小鸡又变成许多母鸡，下许多蛋……我失去的是一个养鸡场啊！”

表面上看起来，这个农妇的反应实在有些夸张，可实际上，许多女孩也会犯类似的错误哟。为小事生气，为小伤小痛难过，为小错误惶恐，把痛苦无限放大，结果只会越来越痛苦，甚至陷入

绝望。

人总会犯错，总会遇到不顺心的事，如果能做到就事论事，不做多余的联想，生活会轻松许多、快乐许多哟！

计算题

痛苦 ×10=你将成为这世界上十分不幸的人

快乐 ×10=你会觉得自己是世上最快乐的人

实验题

用放大镜来观察自己的痛苦，你会发现什么？

答案：实验中，你的整个瞳孔将会被灰暗包围。

用显微镜来观察自己的快乐，你会发现什么？

答案：毫无疑问，你的每一个细胞都会愉悦起来。

你今天开心吗？

班上有个女生，名叫笑笑。笑笑人如其名，每天嘻嘻哈哈，一副没心没肺的样子，好像烦恼从来不会找她似的。

笑笑每天都这样开心，简直就是一台永动发笑机，她究竟有什么诀窍呢？

瞧一瞧笑笑的座右铭，一切就不难解释啦！

笑笑座右铭

开心是一天，不开心也是一天，不如开开心心每一天。过去已去，未来正来，加油！

对啦！拥有好心态，还怕快乐不找上门吗？

每天早上起来，大声对镜子说："又是美好的一天，又是新的开始，加油，加油！"

每天从零开始，给自己新的希望，烦恼就会自觉离开，快乐就会跳到你的脸上，钻进你的心里喽！

快乐名言

- 世界上没有比快乐更能使人美丽的化妆品。

——布雷顿

- 保持快乐，你就会干得好，就更成功、更健康，对别人也就更仁慈。

——马克斯威尔·马尔兹

- 生气一分钟，便丧失了60秒钟的快乐。

——拉尔夫·沃尔多·爱默生

把这些名言做成小卡片，贴在自己的课桌上，怎么样？每时每刻提醒自己，快乐多一点，烦恼自然就会少一点啦！

给我一点阳光就灿烂

艾梅从家里带来一株绿萝，送给齐珊。看着那绿油油的嫩叶儿，齐珊喜欢得不得了。可是，如此娇嫩可爱的小家伙，要养好应该不容易吧。

其实齐珊完全不用担心，因为绿萝可容易满足了，放在水里它就能活，给点阳光它就灿烂。它不会因为换了新环境而闹脾气，更不会因为主人的不理睬而自暴自弃。

这样看来，绿萝还真是超级乐天派呢！

如果我们也能像绿萝一样，喝一杯水就感到幸福，享受一丝阳光就舒展笑颜，那我们的生活该多么快活啊！

绿萝精神

1. 懂得知足，懂得在现有的条件下，将幸福感最大化。
2. 自我欣赏，即使没有赞美，无人理睬，也要绽放最美的自己。
3. 拒绝张扬，不过分夸大幸福的程度，在自己的阳光里淡然微笑。

同学们的绿萝精神

吴晓涵：今天吃红烧肉，明天吃扣肉，后天吃辣椒炒肉，大后天吃回锅肉……啦啦啦，有肉吃的日子好幸福呀！

赵婷：数学考试得了85分，比上一次进步了2分呢。不错，不错，继续努力。

李笑笑：他们说我穿裙子像个粽子，死党俏俏安慰我："没事，笑笑，你是世界上最好看的粽子。"

笑出好的心态

如果遇到开心的事，见到喜欢的人，或吃到美味的食物，脸上自然就会浮现出微笑。相反，如果老是想一些不好的事，对身边的人或东西感到讨厌，脸上的笑容就不见了，换来的是眉头紧锁，嘴唇下撇。这就是奇妙的表情，它反映我们的喜怒哀乐。

俗语说：“笑一笑十年少，愁一愁白了头。”

如果每天都笑盈盈的，心情自然会好很多，做起事来也倍儿有精神。心态好了，生活就变得特别美好。

要是每天愁眉苦脸，心情就会降到冰点。最糟糕的是，运气也会跟着下降，感觉做什么都不顺利。这样一来，心情只会越来越糟啦！

每天多笑一笑，才会拥有好心态呀！

让我们练习微笑吧！

每天对着镜子练习微笑

早上出门前，对着镜子，嘴角上扬45度，做出一个甜甜的、美美的微笑，想象着美好的一天又开始了，想象自己就是世界上最幸福的女孩。

微笑对待身边的人

不管遇到谁，请礼貌地对他微笑。笑容是可以传染的，身边充满了笑声，充满了欢乐的气氛，一切都会变得很美妙哟！

多交幽默的朋友

多和幽默、有趣的人交朋友，让自己处在开心的氛围中吧！

勉强地笑一笑吧

和朋友吵架，被老师批评，心情太糟糕了，实在笑不出来。这个时候，勉强让自己笑一笑吧，心情会好一点的！

身边美好的东西真不少

有个渔夫去河边打鱼，辛辛苦苦忙碌了一天，一条鱼也没抓到，他仍然开开心心地哼着歌。

一旁的同伴很不理解，就问道："没抓到鱼还这么高兴，难道你不担心今天的晚饭吗？"

渔夫指着河，笑着回答："你不觉得这条河格外美丽吗？没抓到鱼又怎么样，起码我欣赏到了美景呀！"

比起抓不到鱼的沮丧，身边的美景更让人愉悦。善于发现身边的美丽，善于苦中作乐，生活就会处处充满惊喜，再苦闷的心情也会豁然开朗啦！

要知道，生活中并不缺少阳光，而是缺少善于发现阳光的心情；身边并不缺少美，而是我们没有擦亮发现美的眼睛。

那些不容错过的美丽

每一个阳光灿烂的日子

天气这么好，宅在家里数睫毛可就太浪费啦！带上好心情，和小姐妹、好朋友一起去晒太阳吧！阳光下的景色总是很迷人的。

每一朵努力开放的花儿

瞧那路边一束束、一枝枝，全是努力绽放的花朵呀！不管生命多么短暂，也要展现最漂亮的自己。仔细观察，你会为它们的美陶醉的。

每一位笑容满面的人

每一天，身边总会出现许多人，幽默乐观的同学、默默无闻的环卫工人、见义勇为的陌生人……他们都是最美的风景。

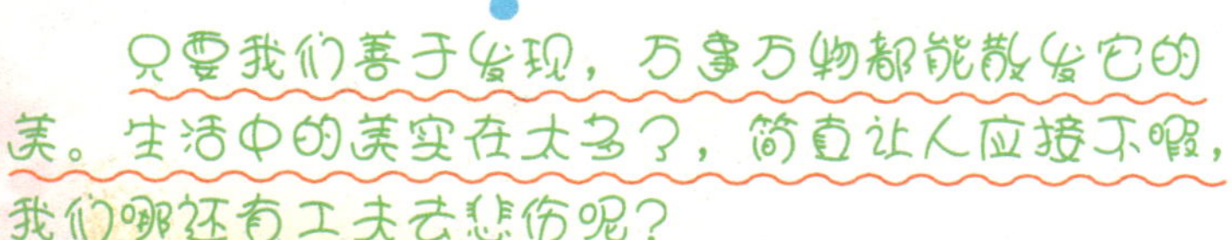

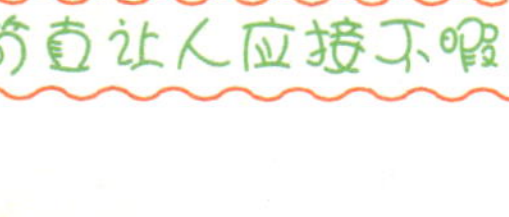

只要我们善于发现，万事万物都能散发它的美。生活中的美实在太多了，简直让人应接不暇，我们哪还有工夫去悲伤呢？

失败没什么大不了

泰国有一位商人，他靠自己的努力和智慧拥有了亿万资产。可是，因为一次突如其来的经济危机，他破产了。

面对失败，商人只说了一句话：“好哇！我又可以从头再来了！”

他笑着走上街头，做了卖三明治的小贩。一年后，他东山再起。

商人笑着面对失败，鼓起勇气从头再来，所以成功再一次眷顾了他。比起帅气的日韩明星、可爱的卡通人物，他才真应该成为女孩子们崇拜的超级偶像啊！

如果，我们能拥有这位商人百分之一的乐观，那些小挫折、小失败就根本不能打倒我们。

别怕小小的失败，笑着去面对吧！谁没失败过？没有经历失败，哪来成功的喜悦呢？

名人们如何面对失败？

- 林肯——他曾做过生意，竞选过议员，前前后后竞选了二十多次，均以失败告终。但他最后终于成为美国历史上伟大的总统之一。
- 爱迪生——他为了改良电灯，不停地找适合做灯丝的材料，做了几千次试验，也失败了几千次。可是最终他还是成功了。
- 海伦·凯勒——她小的时候，因为一场大病失去了视觉、听觉和说话能力。但是，后来她靠着坚持不懈的努力，成为著名的女作家、教育家、慈善家和社会活动家。

怎么样，名人们是不是很了不起呀！别只顾着羡慕他们，你也可以。失败没什么大不了，继续努力，总会尝到成功的喜悦的。

相信自己没问题

每一次快乐的长假开始前，都要经历一场残酷的暴风雨，那就是期末考试。

齐珊坐在考场里，低头看看手表，离考试还有十分钟。此时，她已经开始颤抖、发冷、心跳加速、手心出汗了。

“嘿！别那么紧张，不就是考试吗？”同桌艾梅转过头来，一副很轻松的样子。

“你说得倒轻巧。我这次肯定会考砸，这个暑假我会被‘囚禁’，过上暗无天日的日子啊！”说着，齐珊露出绝望的表情。

“为什么一定会考砸呢？”

艾梅十分不理解，为什么考试还没开始，齐珊就预言自己会考不好？自己可从来不会这样想，只要复习好了，做好充分准备，考试的分数又能差到哪里去呢？

其实，齐珊的这种状态是一种不自信的表现。她在事情还未发生前，就已经把最糟糕的结果摆了出来，让自己陷入恐慌中。抱着这样的心态，她又怎么能发挥出最佳水平呢？

如果齐珊能像艾梅一样，自信一点，放松一点，考试根本没那么恐怖啦！

神奇的自信咒语

1. 每做一件事之前，在心里默念三遍：“没问题，我是最棒的……”放松心情，放下压力和负担，别把成绩看成衡量学习成果的唯一标准。

2. 在被别人否定后，对自己说：“我是金子，是金子总会发光！”任何人都有长处，找到自己的长处，培养它，释放它，你就能发光发亮。

3. 当自己取得成功时，对着镜子说：“不错，继续努力，你能做得更好！”比起别人的鼓励，自己对自己的激励更有力量啊！

我就是独一无二的我

齐珊很喜欢画画，所以报了美术兴趣班。第一天上课，老师让同学们画一幅以“天空”为主题的画。

齐珊天马行空，在画纸上涂满黑色的颜料，再添上一些黄色的星星点点……作品完成啦！齐珊扭头看看其他同学，他们都还没画完。

齐珊看看一旁的艾梅，她画了蓝天、白云、小鸟……

再看看身后的李笑笑，她画了蓝天、白云、太阳……

“怎么回事？难道我画错了？老师会不会认为我画得很难看呢？”想到这些，齐珊赶紧抽出一张白纸，重新画起来。

齐珊真的需要重画吗？她之前画的画很难看吗？其实，每个人都拥有不同的想法，为什么要变得跟别人一样呢？

齐珊完全没有必要担心。她的画很有想象力，很有个性，老师绝不会因为她的画与众不同而否定她。

每个人都可以塑造独特的自己，我就是我，是世界上独一无二的。任何时候，我们都不应该丢掉自我。

如此特别的我

哇！我又进步啦！

艾梅从司徒老师手中接过试卷，神情紧张地瞄了瞄上面的分数——91。

“哇！太好了，我又进步了5分！”艾梅捧着试卷，眼睛笑成了一条线。

齐珊十分纳闷：不就进步了5分吗？值得高兴成这样吗？真是不能理解。

千万别误会艾梅，其实她并不是欣喜若狂，她只是在进行自我鼓励。有了一点点小进步，当然不值得骄傲，但最好不要忽略它。一点一点小进步的累积，到后面很可能变成很大的成功呢。不仅这样，自我鼓励还是前进的最大动力哟！

特别是对那些没有自信的女孩来说，自我鼓励非常重要！

请这样做吧！

精神鼓励

当自己取得小进步时，用积极的语言鼓励自己：

“嗯！不错，又进步了。”

“好样的，继续努力吧！”

“真厉害，不愧是×××！”

物质奖励

快向艾梅学一学，根据自己的实际情况，制订一张“进步奖励表”吧！

进步奖励表

A级进步 ★★★——进步20分以上
奖励：去商店任意挑选一个毛绒玩具。
B级进步 ★★——进步10～19分
奖励：彩笔、文具盒、卡通图案的转笔刀等文具，任意挑选一样。
C级进步 ★——进步5～9分
奖励：糖果、巧克力、蛋挞等零食，任意挑选一样。

对自己不满意吗？

最近，齐珊对自己有诸多不满意。她看着镜子里的自己：眼睛很小，脸很大，胳膊很粗，腿很短，长得真不怎么样。性格方面：胆子小，没主见，又特别敏感。有时候，她真的非常讨厌这样的自己。

齐珊常常在想，为什么我会是这样呢？要是我能换一个自己该多好啊！

齐珊真的有那么糟糕吗？还是她冤枉了自己？

我们应该认清一个事实，世界上并没有完美的人，不管是谁，总会有这样或那样的缺陷。如果我们总是盯着这些缺陷不放，当然会越来越苦恼，越来越难以接受自己啦！

我们应该爱自己，接受不完美的自己，这样才能散发自信的魅力，才能得到更多人的爱和欣赏。

缺点大搜罗

每个缺点背后都隐藏着优点，快来对号入座，看看下面说的是不是你。

- 邋里邋遢——内心自由。
- 胆小怕事——做事谨慎，也不容易出错。
- 缺乏主见——心地善良，会顾及他人感受。
- 敏感脆弱——心思细腻，有艺术家的潜质。
- 大大咧咧——内心单纯，无忧无虑。
- 急躁焦虑——雷厉风行，办事效率一流。
- 吝啬小气——朴实节约。

注意了！如果缺点太严重，对你造成了很不好的影响，还是要努力改正才行呀！

学一句英文名言吧！

Be yourself and stay unique. Your imperfections make you beautiful, lovable, and valuable.

做最特别的自己吧！正因为你的不完美，你才如此美丽、可爱、珍贵！

别再比来比去啦！

有一只乌鸦，非常羡慕在高空中翱翔的老鹰，很想像它一样抓住草地上的小羊。

于是，乌鸦模仿老鹰的动作，每天拼命练习。过了很多天，乌鸦扑到一只山羊的背上，想完成老鹰那样完美的动作。可是，乌鸦实在太轻了，提不起山羊，反倒被羊身上的毛缠住了。

最后，牧羊人看见了乌鸦，就把它抓了去。乌鸦不但没能抓住小羊，反而害了自己。

想要成为老鹰的乌鸦，一定是了不起的乌鸦吗？谁会这么认为呢？在大家看来，它只不过是一只可怜的、荒唐的乌鸦！

比来比去，不仅得不到任何好处，还让自己元气大伤，得不偿失。

就像买鞋子一样，只有合脚的尺码才最舒适，而适合别人的，未必就适合自己。只有找准自己的位置，才能得心应手，取得好成绩。

别让比较弄丢了自信

拿自己的不足和别人的长处比较，当然会越来越没自信，越来越觉得自己一无是处。每颗种子都有适合它的土壤，每个人都有自己的优点，努力做好自己，发挥自己的长处，你就是最棒的。总是和别人比，还不如和昨天的自己比一比，这样进步会更大哟！

人越多就会越紧张吗？

齐珊最不喜欢站在众人面前，人太多会弄得她很紧张。如果司徒老师让她在讲台上发言，她的脑袋就会一片空白，说起话来也不利落了。

“我，我，我认为，认为，这，这，这道题……”

不等一句话说完，教室里已经响起了此起彼伏的笑声。

其实，一直以来，齐珊学习都非常认真，但可怕的自卑心理让她变成了大家的笑柄。

自卑可真讨厌，它遮挡住我们的能力，让我们无法表现自己，还让我们得不到别人的理解。

赶快丢掉自卑吧！挺起胸膛，相信自己可以做得很好。

消除人前紧张的好方法

● 努力放松

静静地进行深呼吸，让自己的心平静下来，然后用微笑调节因紧张而变得僵硬的脸部肌肉。这样一来，就能有效地缓解全身的紧张状态。

● 多多练习口语

花上比别人多一倍，甚至十倍的时间，去阅读、背诵课文，练习演讲的内容，到了面对众人发言时，就会胸有成竹、自信满满啦！

● 别太在意

别总觉得别人在注视你、议论你，甚至笑话你，也别总担心自己会讲不好。用平常心面对，就能有好的表现。

● 树立自信心

对自己说"我能行"。加大声音的分贝，让自己的气场把自卑吓跑吧！

第2章

矢车菊女孩，甜美中隐藏着坚贞

我不害怕暴风雨

有个小女孩非常喜欢冲浪。不幸的是，在一次冲浪练习中，因为意外而使她失去了左手。

家人们伤心、绝望极了，没有人能接受这个残酷的现实。可是，小女孩却非常平静地说："时间不能倒流，哭泣不能改变现实。我要勇敢面对生命的暴风雨，重新返回大海。"

康复后，女孩又回到大海边，开始刻苦地训练。她一次又一次从冲浪板上摔下来，却一次又一次地登上去。经过漫长的训练后，她终于取得了惊人的进步，获得了一个又一个冲浪冠军。

生活并不像我们想的那样，总是阳光普照，偶尔也会有可怕的暴风雨。面对挫折，我们要做一个坚强的女孩，迎着暴风雨勇往直前。

挫折并没有那么可怕，它只是被哈哈镜放大的怪兽而已，如果我们能揭穿它的恶作剧，勇敢地面对它，一切就能迎刃而解啦！

我可没那么脆弱

早晨，齐珊窝在被子里，娇滴滴地对妈妈说："妈妈，我今天好难受啊，可不可以不去上学呀？"

妈妈走过去，摸摸齐珊的额头，并没有发烧呀！于是，妈妈笑了笑，一脸严肃地对齐珊说："珊珊，如果你真的很难受，妈妈马上带你去看医生吧！"

齐珊一听，小心翼翼地问："需要打针吗？"

"当然咯！生病了当然要打针啦。"

"是……是吗？"齐珊吓了一大跳，赶紧从床上跳起来，大声说，"我感觉好多了，上学应该没问题啦！"

对娇弱的小公主来说，有一点点不舒服都是大事，就应该躺在暖和的被窝里，饭来张口，衣来伸手，是这样吗？

别那么脆弱，做一个坚强的女孩子吧！坚强并不是男孩的专利，一点点小伤，一丝丝小挫折，根本就不算什么，我们也可以勇敢地面对它，战胜它。

接受“不被喜欢”这件事

艾梅是班上的“三好”女生：好说话、好使唤、好打发。无论是谁，无论什么事，只要一叫她，她比谁都快；当然，如果大家不需要她时，她又甘愿站到一边。因此，很多人都愿意和艾梅交朋友。

可是，尽管这样，艾梅还是常常听到这样的议论：

“我不喜欢艾梅，她看起来好假呀！”

“艾梅真的很爱表现，好像全世界只有她一个好人似的。”

艾梅沮丧极了，以前她总以为大家都很喜欢她，事实却并非如此！

是艾梅做得还不够吗？当然不是。

我们身边的人有千千万，每个人都有自己的性格和喜好。你喜欢和文静的人做朋友，她喜欢亲近有个性的人。即使一个人再优秀、再完美，也不可能被每一个人喜欢。

比起“不被喜欢”来，“失去自我”，去迎合他人，更应该让人难过。

所以，从现在开始，做一个真实的自己吧，即使有人不喜欢。

- 穿上最舒服的衣服和鞋袜，尽管看起来不那么淑女。
- 学会拒绝无理的要求，尽管会换来抱怨的眼光。
- 关键时刻坚持自己的正确立场，即使不被理解或遭到反驳。
- 别总为了将就别人而委屈自己，哪怕不被一些人喜欢。

拥有百折不挠的心

你捏过花生吗？当我们把一颗完整的花生拿在手中，用力一捏，花生壳就会碎掉，留下穿着红衬衫的花生仁。接下来，我们再轻轻地搓一搓，红衬衫也掉了，剩下白白的果实。当我们再用力捏它或搓它时，便怎样也弄不碎了。

花生在成长中经历了日晒雨淋，在成熟后又经历火烤油淋，从始至终，它看似脆弱的外表下却包裹着一颗百折不挠的心，怎能不让人敬佩呢？

如同花生一样，每个人都会遇到很多挫折，面临很多意想不到的困难。当我们经历这些时，是选择躲在角落里哭哭啼啼，还是勇敢面对，再一次站起来呢？

女孩子的心可不一定是水做的，还有可能是花生做的哟！因为，我们也可以像花生一样，百折不挠，永不放弃呀！

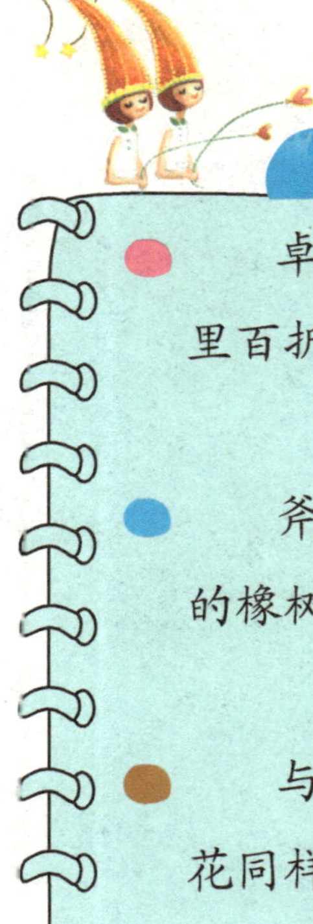

名人如是说

卓越的人一大优点是：在不利与艰难的遭遇里百折不挠。

——贝多芬

斧头虽小，但经多次劈砍，终能将一棵坚硬的橡树砍倒。

——莎士比亚

与其花许多时间和精力去凿许多浅井，不如花同样的时间和精力去凿一口深井。

——罗曼·罗兰

流言是个鸡蛋壳

齐珊真的很讨厌有些女生，她们总喜欢聚集在一起，议论别的女生。

有一次，大喇叭乔娜对她说：“齐珊呀，你可要注意了，李笑笑她们经常讲你坏话呢。”

齐珊赶紧问道：“她们都说了什么？”

“她们说你的成绩之所以能进步这么快，是因为班主任是你亲戚，经常给你开小灶……”

“她们说你腿太短，跑步好难看……”

听了这些话，齐珊气得脸都绿了，接下来的几天，她都请了病假，没有再去上学。

流言真的这么可怕，有如此大的杀伤力吗？

其实因人而异。如果拥有坚强的内心，轻看他人的闲言碎语，流言就像鸡蛋壳一样易碎；反之，太在意别人的评价和议论，缺乏对事情的自我判断力，就很容易被流言击垮啦！

怕什么

流言蜚语

1. 只要自己是对的，何必理会别人一时的不理解？用行动来证明自己吧！
2. 流言有期限，而真相不会被时间限制。即使你什么也不做，终有一天流言会不战而败。
3. 只要努力地学习，努力做好自己的事，就没有时间去理会流言啦！

流言止于智者

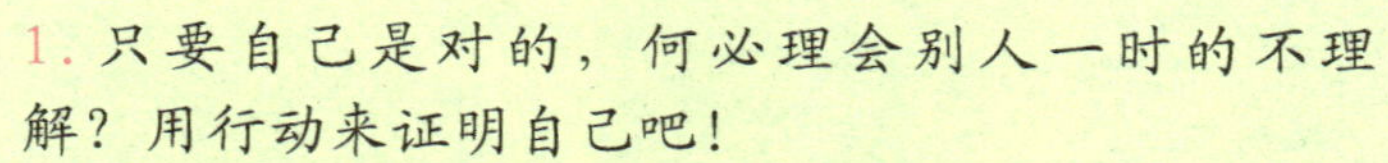

对流言蜚语最好的谴责就是不加理睬。

——格拉西安

流言蜚语是一只缠扰不休的黄蜂，我们对它决不能轻举妄动，除非我们确信能打死它，否则它反击我们时会比从前更加凶猛。

——尚福尔

一般地说，你愈是少在“反流言”上投放精力，流言的破产就愈快。

——王蒙

不哭，不哭，我不哭！

齐珊有一个外号——爱哭鬼。

膝盖不小心撞到桌角，她会忍不住掉眼泪；被老师批评两句，她会撇着嘴巴哭起来；和同学闹了矛盾，她也会放声大哭……

用同桌艾梅的话来说，齐珊不会放过任何一个可以哭的机会。

可是，齐珊也很委屈呀！因为很多时候自己并不想哭，可是眼泪就是忍不住掉下来。

爱哭的女生总是被人怜爱，受到更多的关照。但如果总是放纵自己的眼泪，不稍加克制，只会让自己变得越来越脆弱，无法经受任何挫折和打击，也会越来越依赖别人，无法自立。

从今天起，学会控制眼泪！

当感觉自己要哭时，尽量不要说话，睁大眼睛，闭紧嘴巴，努力忍一忍，在心里默念十遍："我不哭，我不哭，我不哭……"

尽量不要让自己沉浸在悲伤的情绪中。当心情不太好时，勉强自己笑一笑，多想一些开心的事，把那些消极情绪统统排空。

适当拒绝安慰。难过的时候，越是有人在一旁安慰，自己越会变得脆弱。那么，试着避开人群，独自调整情绪吧！

怎么样？是不是觉得眼泪并没有那么难管理呀！过不了多久，我们就会发现，眼泪变得很听话，再也不会有人叫我们"爱哭鬼"啦！

我不要做胆小鬼！

你害怕打针吗？

你见到老鼠或蟑螂会尖叫吗？

你相信世界上有鬼吗？

你会把“笔仙”“碟仙”这样的游戏当真吗？

你敢不敢深夜一个人看恐怖电影？

你有勇气在下雨的夜晚一个人待在家里吗？

遇到长相很凶的陌生人你会不自觉地低下头吗？

你中了几条？如果三条以上，那你可得好好锻炼一下自己的胆量了。

1. 转移注意力。当自己很恐惧时，试着想一些有趣的事，分散自己的注意力。

2. 掌握科学知识。多看一些科学方面的书，相信科学，了解鬼神不过是人类想象出来的东西。

3. 直面真相。奇怪的声音可能是水声，可怕的影子可能是树影，试着去揭开真相，恐惧就会不攻自破。

家里有只“胆小鬼”

①齐珊半夜醒来好想上厕所。
②她实在憋不住了，赶紧跑向厕所。
③窗外好像有什么奇怪的声音，把齐珊吓得直发抖。
咚咚咚咚
有鬼啊！
④齐珊一路尖叫着跑回房间。
⑤怎么不见鬼追上来呢？呵呵，原来齐珊就是家里那只“胆小鬼”啊！

坚持自己的想法

在一个偏远的山谷里，有一株小百合。它还没开花前，和野草没什么两样。

可是，小百合坚信自己不是野草，它每天对自己说：“我是一株百合，我能绽放出美丽的花朵。”

有了这样的信念，小百合努力地吸收水分和阳光，一天天长大。

周围的野草们嘲笑它，飞来的鸟儿劝诫它，小百合却说：“就算没有人欣赏，就算大家都笑我，我都要开花。”

小百合面对否定和嘲笑，始终坚持“我要开花”的想法，最后终于美丽地绽放了。

我们在做题时，反复做了几遍，还是发现自己的答案和同桌的不一样。同桌的成绩比自己优秀，自己是不是该把答案改过来呢？

参加兴趣班，面对自己喜欢的舞蹈，和大家都觉得很有前途的奥数，该如何选择呢？

每个人都经历过类似的矛盾。面对这样的矛盾，我们应该有自己的信念，坚持自己的想法。就像小百合一样，即使不被认可，甚至被嘲笑，也要坚定自己的方向，做一个有主见的女孩。

小百合养成记

1. 学习独立思考问题，能自己解决的问题尽量自己解决。
2. 以别人的意见为参考，而不作为标准。
3. 设立目标，确定理想，并坚定不移地努力去实现它。
4. 如果事实证明自己想法有误，应该及时改正。

让我自己拿主意吧！

晚饭时，齐珊对爸爸妈妈说："这学期我想报一个兴趣班！"

爸爸想了想，说："那就报个书法班吧！练一练字，还能改一改你那急躁的性格。"

"我看，还是报舞蹈班吧！"一旁的妈妈建议道，"女孩子就应该学舞蹈，培养优雅的气质。"

这时，爸爸突然转过头来，问道："齐珊，你自己想学什么呢？"

这个问题还真把齐珊问住了，她实在拿不定主意。在她看来，与其自己在这里犹豫不定，还不如听爸爸妈妈的意见呢。

可是，没有人比我们更了解自己，我们怎么能确定爸爸妈妈的决定是最适合自己的呢？况且爸爸妈妈不能一辈子替我们做决定，以后的人生需要我们自己去面对。从现在开始，我们就应该学会自己拿主意，学会自己解决问题。

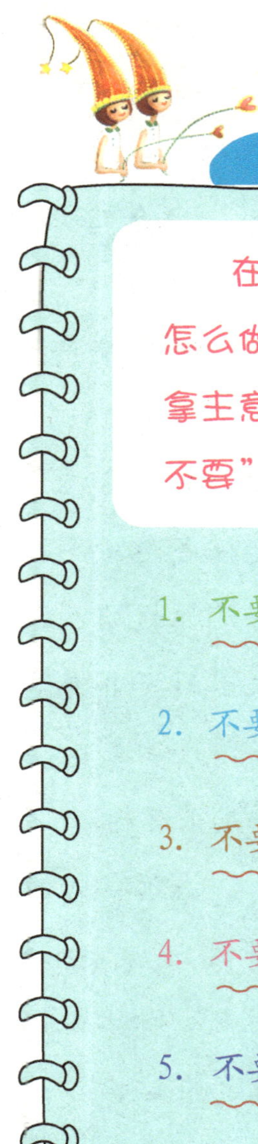

学会自己解决问题

在生活和学习中，你是一个别人怎么说就怎么做，遇到事情从来不主动思考，懒得自己拿主意的女生吗？如果是，请牢记以下“5个不要”。

1. 不要总让别人代为决定；
2. 不要还没认真思考就直接问别人；
3. 不要总抱怨自己不如别人聪明；
4. 不要总是跟着别人的脚步走；
5. 不要害怕说出自己的意见。

别那么犹豫不决

这个星期天，爸爸答应带齐珊去海洋馆。但是，就在星期六的晚上，齐珊接到艾梅的电话，邀她星期天去滑冰。

去海洋馆吧！这周有精彩的海豚表演，错过的话可能要再等上一个月呢。

去滑冰吧！艾梅还邀请了其他几位好朋友，大家好不容易聚齐，一起去滑冰一定很有趣。

去海洋馆看海豚还是和好朋友去滑冰呢？真的有这么难选择吗？在心里衡量一下更想去哪里，很容易就能得出答案呀！

即使两者都

想去，任意选择一方，也会有不同的乐趣，都不算损失呀！

如果两者都不舍得放弃，最后很可能一件事也没做成，这样岂不是更糟糕？

面对选择，最好当机立断，不要白白浪费时间、浪费精力，最后还把好的机会也给浪费了。

神奇的硬币定理

当你陷入两难时，就选择抛硬币吧！硬币的正反并不重要，关键是硬币被抛上天的那一刻，你的心中肯定有了答案，因为你已经知道自己更希望哪种结果发生了。

别总是依赖妈妈！

“妈妈，我渴了，帮我倒一杯水来。”

“妈妈，我的那件蓝色小外套不见了，快帮我找一找。”

“妈妈，我快要迟到了，开车送我去学校吧！”

……

妈妈简直就是119，是万能的超人嘛！她总是帮我们解决这样或那样的问题。可是凡事依赖妈妈，这样做对吗？

我们已经上学了，长大了，很多事情完全可以自己处理，为什么一定要依赖妈妈呢？依赖一旦形成习惯，就很难改掉。

如果有一天，妈妈不在我们身边，我们就会无所适从，变得胆小怯懦，什么也做不好，这将多么糟糕啊！

从现在开始，学习松开妈妈的手，尝试自己的事情自己做吧！慢慢地，你会发现，很多以前自己不会做的事，其实可以做得很好；慢慢地，你会变得很独立，很有主见，遇到事情也可以独自面对了。

请这样做吧！

妈妈，我可以自己做

也许，妈妈常常会觉得我们还小，什么事都会尽量帮我们做好，有时候甚至不让我们插手。这时候，我们应该对亲爱的妈妈说："妈妈，我已经长大了，这件事我可以自己做。"相信妈妈会感到欣慰的。

试着为妈妈做一些事

妈妈是世界上最爱我们的人（当然还包括爸爸），我们也要非常非常爱她，经常对她说"我爱您"吧！说出来的爱更容易让人感受到啊！

妈妈总为我们操心，实在很辛苦，我们也要经常为她做一些事：洗洗碗，帮妈妈捶捶背，送妈妈小礼物。没错，你就是妈妈的贴心小棉袄。

爸爸是爸爸，我是我

艾梅的爸爸是一个大公司的老板。

艾梅想学画画，爸爸就对艾梅说："梅梅呀，学画画没前途，还是专心学好数学和英语吧！等你长大了，爸爸还指望你继承公司呢。"

艾梅想参加夏令营，爸爸又对她说："梅梅呀，夏令营又苦又累，还是别去了，你将来可是公司的大老板哟！"

艾梅很生气，就对爸爸说："爸爸是爸爸，我是我，我想选择自己的路来走。"

艾梅是好样的。她清楚地知道，自己想要什么，不需要什么。她并不因为优越的条件而显得高人一等，也不因为爸爸铺好了平坦的路而迷失自我。

将来我们要继承的，不应该是爸爸的物质财富，而是他勇于奋斗的精神财富呀！

我不是阿斗

- 我从来不会在同学面前炫耀穿着，因为我知道这些都是用爸爸妈妈赚的钱买的，并没有什么可骄傲的。
- 我以我的父母为荣，但是我不会拿他们当作炫耀的资本，在同学们面前夸夸其谈。
- 虽然我的家庭条件很优越，但我不会因此而沾沾自喜，更不会老想着坐享其成。我相信自己种的果实最香最甜。
- 我拥有自己的梦想，知道自己将来想要做什么，并会为此努力奋斗。

阿斗是谁？

阿斗是三国时期蜀汉后主刘禅。他的爸爸刘备非常有能力，可是他却安于天命，贪图享乐，最终一事无成。后人称他为“扶不起的阿斗”。

理智！再理智一点！

吃晚饭时，齐珊被爸爸狠狠训斥了一顿，还被没收了手机。

原因是，齐珊一边低头玩手机，一边吃饭，撒了一桌子的菜和饭。

齐珊承认自己有错，可是她觉得爸爸的反应实在有点过头。一时气不过，齐珊趁爸爸妈妈不注意，赌气离开了家。

她心想：我再也不要回这个家了，简直一点人情味儿也没有嘛！接着，她就跑去了好朋友艾梅家。

如果你是艾梅，是不是应该劝齐珊理智一点呢？不管多生气，离家出走绝对是错的。这种冲动的行为，不仅给自己带来不便，还让家人担心。

记住，冲动与个性和自我无关哟！做一件事之前，应该先冷静地思考，这样做对不对，有没有不良的后果，然后再决定要不要做。

控制冲动的小妙招

做决定前听听别人的意见

在做一个重要的决定前，先听一听别人的意见，如父母、老师、同学。综合参考大家的意见，再结合自己的想法做出决定。

冲动前闭上眼睛深呼吸

当遇到一件明知道是错、却还忍不住要做的事时，先闭上眼睛深呼吸十下，再在心里默念十遍：“别冲动、别冲动……”慢慢地，就会冷静下来啦！

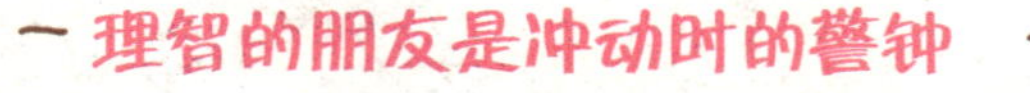

理智的朋友是冲动时的警钟

交一些理智的朋友。当自己犯了冲动的毛病时，让身边的朋友做自己的警钟吧！

独立完成一件事

“哇！好漂亮的小房子呀！”

随着一声惊叫，大家全都聚拢在齐珊的桌前。课桌上摆放着一个精致的小房子，那是齐珊的手工作业。

得到大家的夸奖，齐珊抿着嘴巴笑起来。

“可是，齐珊！”大喇叭乔娜突然问道，“这是你一个人做的吗？”

“当……当然了！”话虽这么说，可是齐珊心虚的表情已经出卖了自己。

老师虽然交代要独自完成手工作业，可是齐珊对自己实在没把握，最终请求爸爸妈妈帮她一起完成。

在他人的帮助下，我们当然能把一件事完成得更好，可是这对我们自己来说，学到了什么？又收获了什么呢？总是依赖别人帮忙，不但不利于我们养成独立的性格，而且还很难激发自身的潜力啊！

试着独立完成一些事吧，你会因此收获更多的惊喜。

我独立完成的一件事

赵佳玲：昨天，爸爸妈妈不在家，我独自一人做了一顿饭呢！虽然炒的菜有点煳，可是味道还不错哟！

陆希妍：今天我是值日生，擦黑板、收发作业本、设计宣传板报，全是我一个人完成的呀！

那么，你呢？赶快把你独立完成的一件或几件事写在下面的方框内吧！

第3章

祝贺你，木棉花女孩

“勤奋”打败“笨拙”

海边，有一只小灰雀和一只海鸥。小灰雀机灵又敏捷，一看就是飞翔能手；而海鸥呢，身材肥大，看起来笨头笨脑，飞行对它来说应该很吃力吧！

突然，一排海浪打过来，小灰雀一跃而起，冲上了天。海鸥也扑打着翅膀，十分笨拙地飞上天空，慢吞吞地朝海那边飞去。

不一会儿，海面又平静下来，小灰雀又飞了回来，停在了海滩上。然而，海鸥的身影却不见了。这时，海的那一边传来空明的叫声，原来海鸥已经飞得很远，正向着彼岸前进呢。

比起身手矫健的小灰雀，海鸥更称得上飞行能手。

再笨拙的鸟儿，只要插上勤奋的翅膀，就能飞出一片广阔的蓝天，甚至创造出真正的奇迹。

不管是谁，都别再沮丧啦！赶快打起精神，收起慵懒的心态，用勤奋和努力打败所谓的笨拙吧！

聪明如小灰雀，却飞不过一排浪，只能被困在原地；笨拙如海鸥，却飞过沧海，见识更广阔的天地。你愿意做小灰雀，还是想成为海鸥呢？

我是勤奋的小海鸥！

1. 树立一定要做到的决心！
2. 制订一个切实可行又不是轻易就能达到的目标！
3. 制订一份愉快充实的每日计划表！
4. 坚决按照计划表执行！
5. 一定要坚持，别让懒惰乘虚而入！

一定要坚持下去

有一个负责勘探石油的工程师，带队前往沙漠开采石油。

在干燥、炎热的沙漠里，他们待了整整一年，几乎踏遍了沙漠的每一个角落，别说开采到石油，连一滴水都没钻到。工程师非常沮丧，决定带领队伍返回。

这时，有个队员提出建议：“前面还有一块地方，我们没有勘探，要不要去试试运气？”

工程师却说：“我们的无用功已经做得够多了。事实证明，这片沙漠什么也没有。”

于是，他们收拾好行装，离开了沙漠。

几年后，新的勘探队再次来到这片沙漠，竟然发现了丰厚的石油。而他们勘探到石油的地方，正是当年那位工程师放弃的那块土地。

有时候，成功与我们只有一步之遥，迈出这一步，将是满满的收获。许多人常常与成功擦肩而过，不是因为他们能力不够，也不是因为运气不好，而是因为少了坚持下去的决心。

别那么轻易否定自己，有了百分之百的坚持，就一定能获得百分之百的成功。

《劝学》中的坚持

骐骥一跃，不能十步；驽马十驾，功在不舍。
锲而舍之，朽木不折；锲而不舍，金石可镂。

——荀子

译文：好的马一下也不能跳出十步远；差的马拉车走上十天，也能走得很远，它的成功在于不放弃。

如果刻几下就停下来了，即使是朽木也刻不断；如果不停地刻下去，金石也能雕刻成功。

一步一个脚印

还没登山，就想看山上的风景；

还没学会识谱，就想弹得一手好钢琴；

还没记熟26个英文字母，就迫不及待地想要说一口流利的英语。

你是这样的吗？如果是，请赶快改正过来。

没有谁能一口气吹爆一个气球，没有人在没学会爬之前就能走。任何事情都是一步一步完成的，忽略了前面的步骤，直接想要达到目标，那是根本不可能的事。

不管是学习，还是做别的事情，跨越式的前进，也许能让你脚下如有风，冲得很快。可是，这种冒险的做法也很有可能让你摔一跤啊！

马克·吐温说过这样一句话：“不要想着远处的岩石，而是要着眼于那最初的一小步。走了这一小步再走下一步，这样才能直抵所要去的地方。”

看来，成功从来都没有捷径，脚踏实地才是最可靠的办法。

一起来制订学习计划吧！

将写好的计划贴在书桌上或床头，每天监督自己执行。完成打“○”，未完成打“×”。

记住：不要心急，也不可偷懒哟！

咳，集中注意力啦！

司徒老师在上面讲课，齐珊却忍不住把头转向了窗外。隔壁班在上体育课，有的在打球，有的在玩游戏，好让人羡慕啊！

“齐珊，请你来回答这个问题！”

问题？什么问题？齐珊慌慌张张地站起来，实在想不出司徒老师的问题，又不好意思重新问一次。

一瞬间，司徒老师的脸变绿了。齐珊绝望地叹了口气，心想：这一次不知道要罚背几首古诗啦！

上课无法集中注意力，稍不留神就跟不上老师的讲课节奏。哪怕只是一分钟的走神，也可能错过最重要的知识点，甚至无法掌握一节课的知识，损失难以估计！

不仅上课，做任何事情都不能分心。就像汽车驶入了高速公路，必须提高警惕，不能东张西望，只有这样才能保证安全。

TIPS

上课时，眼睛睁开，耳朵竖起来！

● 一定要让自己的思想高度集中，不要让瞌睡虫乘虚而入。

● 努力思考老师讲课的内容，不要老想着昨天电视里演了什么。

● 跟着老师的思路，认真做好笔记。不要在课本上画老师和同学的样子啦！

● 你只需要看着黑板和自己的课本，其他同学就不需要你监督啦！

和“马大哈”说再见

齐珊自信满满地从老师手里接过试卷，打开一看，上面赫然写着“67分”。

“这不可能，我几乎每道题都会做，分数怎么可能这么低？”齐珊不服气，和一旁的艾梅对答案。

“哎呀，我怎么把‘B’写成了‘D’？”

“咦？这里怎么少了一个‘0’？”

“天哪！我竟然漏掉了一道10分的计算题！”

“唉！”齐珊无奈地叹了口气，“要是不粗心，至少可以拿90分呢。”

实力败给了粗心大意，这大概是每一个“马大哈”的通病吧！

每一次发现因为粗心留下的遗憾，是不是很懊恼？心里想着，下一次一定要细心、仔细，但每一次都以失败告终。

千万不要因此而沮丧。相信自己，只要找准了方法，告别“马大哈”其实并不难。

如同治病，先要找到病因，才能对症下药。

所以，首先要弄清楚，我为什么会成为“马大哈”？

- 过分自信，导致对事情掉以轻心。
- 不够专注，做事三心二意。
- 对自己要求不严格，很容易原谅自己的粗心。

- 牢记上一次犯的错，不允许自己下一次犯同样的错误。
- 反复检查自己做过的事，直至确定没有问题。
- 养成做记录和笔记的好习惯，记下容易忘记和弄错的事。
- 请好朋友帮忙监督，一旦出现粗心行为，及时接受提醒并改正。

哇！这真是太神奇了！

月亮为什么会跟着人走？

毛毛虫是怎样变成蝴蝶的？

我为什么感觉不到地球在自转？

世界上第一个生命是怎么出现的呢？

……

当我们对这个世界充满疑问时，我们的知识之窗就已经打开了。因为在好奇心的驱使下，我们会急切地想要知道问题的答案，就会对事物刨根究底。在这个过程中，大脑便帮忙储存了很多知识。

有了好奇心，我们会发现，学习是一件很快乐的事，而且更会由被动的学习变为主动的学习哟！

比如，你抬头看到天空中的云，对“云朵的形成”很好奇。当老师讲到“自然界的水循环”时，正好能解答你的疑问，你就会竖起耳朵来听，知识就会掌握得更牢啦！

当我们充满好奇心时，大脑就会处在高速运转中，学习起来自然更轻松，效率更高。

的好奇心

准备一个小小的笔记本吧！当你的脑袋中出现一个问题时，赶快把它记录下来，再来寻找解决的办法。

多多观察，用双眼去发掘身边有趣的事物和现象。

敢于提出疑问。不要只是一味地接受知识，发现问题也是学习的重点！

不要再偷懒啦！

“反正晚上还要睡觉，被子就不需要叠了吧！”

“妈妈会帮我准备好一切，我还是在被窝里多待一会儿吧！”

“今天是星期六，时间还很多，作业就留到明天再做吧！”

齐珊每次想要偷懒时，就会给自己找各种各样的理由，然后心安理得地成全自己的懒惰。时间一长，齐珊做什么事情都拖拖拉拉，常把自己的生活和学习弄得一团糟。

对待一件事，我们不能抱有侥幸心理，为自己的懒惰找借口，不要把今天的事情推到明天，不要总指望别人帮忙。那样一次又

一次，只会让我们变得越来越懒，越来越松懈。

虽然懒惰能给人带来一时的舒坦，但它会让我们失去时间，失去机会，最后连自我也遗失。如果不勤奋一些，不为自己铺好道路，车到山前不一定会有路。

只有付出努力，做好该做的事，并为每一次奋斗做好充足的准备，才能万无一失地取得成功。

懒惰，请离开我！

今日事今日毕，不再拖拖拉拉。

该做的事一定要做，不再给自己找借口逃避。

对自己严格要求，学会命令自己。

学会埋头才能出头

有一头小狮子，它每天躺在草地上什么也不干。

有一天，老狮子对小狮子说："孩子，去河边打点水来吧！"

"不去！"小狮子大声叫道，"我是一头狮子，将来的森林之王，干这些小事，真是埋没我了。"

老狮子听了，只好摇摇头，说："唉！一头连打水这样的小事都做不了的狮子，将来怎么成得了森林之王呀！"

就像所有的种子一样，如果它无法忍受埋在土里的痛苦，就无法冲破泥土，发芽，生枝，开出美丽的花朵，那么它必定永远是一颗干瘪的种子。

不管是谁，即使有再突出的潜质，再优厚的条件，如果不愿意低下高傲的头颅，不埋头努力，最终只会一无所获。

你是一个拥有梦想的女孩吗？光有梦想还不够啊！想要梦想变成现实，就得埋头苦干才行。

你的梦想是：____________

为了实现梦想，你准备怎么做？

从今天开始，我要____________

古语励志

故天将降大任于斯人也，必先苦其心志，劳其筋骨，饿其体肤，空乏其身，行拂乱其所为，所以动心忍性，增益其所不能。

——《孟子》

译文：上天将要把重任降落在一个人身上，一定要先使他的内心痛苦，使他的筋骨劳累，使他经受饥饿，以致肌肤消瘦，使他受贫困之苦，使他做的事不如意，通过这些来使他的内心警觉，使他的性格坚定，增加他不具备的才能。

先把这一件事做好吧！

吃过晚饭后，齐珊开始写作业。她一边戴着耳机听歌，一边写作业，嘴里还不停地哼唱着。

妈妈看见了，就对她说："齐珊，写作业的时候不要听歌，很容易分神的。"

齐珊假装没听见，继续一边听歌，一边做题。

结果，意外发生了。第二天，老师发作业时，齐珊的作业被贴到了黑板上。大家凑过去一看，全都笑翻了。

作业本上，一个大大的红圈里圈着这样一行字：东汉时期，改进造纸术的发明家是周杰伦。

原来，齐珊在做这道题时，正好在听周杰伦的歌，这才把“蔡伦”写成了“周杰伦”，闹了个大乌龙。

一个人的精力是有限的，把注意力分散在好几件事情上，自然很容易出错，小则闹出笑话，大则让整件事功亏一篑。

这样看来，专心做好一件事多么重要啊！只有将精力放在一件事上，我们才能全身心地投入，才能争取做到最好。

名人趣事

陈毅从小非常喜欢读书，而且一读起书来就非常专心。有一次，妈妈端来饼和芝麻酱，叫他蘸着吃。他看书实在太专心了，竟把饼蘸到墨盒里，一口一口吃得很香呢。看着他满嘴墨水，妈妈真是哭笑不得。

心·急吃不了热火锅

“怎么办？怎么办？大家都做完了，最后该不会只剩下我吧！”

考场上，其他同学已经陆陆续续交卷了，齐珊的心情越来越紧张。可是，那些剩下的题目也开始和她较劲，变得越来越难。

看着同学们一个个离开教室，齐珊的心脏越跳越快，脑子也开始混乱起来，明明复习过的知识点，怎么也想不起来了。最后，她败下阵来，只好胡乱填了一通，然后悻悻地离开了教室。

一时的紧张与心急，导致全盘皆输的事例比比皆是。事后想想，如果能冷静一些，多一点耐心，结果必定会好很多。可是，下一次再遇到类似的事，还是会忍不住急躁不安吧！

如果不能改掉急躁的毛病，这必定会成为学习上的一大障碍。

别着急，慢慢来

1. 试着练一练书法，在安静的时候看看书，和爸爸一起去钓鱼，利用这些好方法锻炼自己的耐心吧！

2. 在做一件事情时，试着专注其中，努力不被周围的环境打扰，更别去在意别人的进度。

3. 减轻心理压力，别给自己制造恐慌。先不去想事情的结果，对过程的把握就会轻松许多咯！

上进心，别走！

你是不是缺乏上进心？下列几种情况，你中了几条？赶快来测一测。

1. 成绩下降了却不想努力追上去。

2. 对于竞选班干部、争取做三好学生没有丝毫兴趣。

3. 看见其他人都很努力，自己还是无动于衷。

4. 对待表扬和批评同样冷漠。

5. 觉得分数只不过是个数字，完全没有必要在意。

6. 连自己都不知道自己有什么兴趣爱好。

7. 觉得“梦想”是个很模糊的词，对将来没有任何打算。

8. 从来不会给自己设定任何目标。

如果你中了三条以上，就要开始警惕了，因为“上进心”正在或已经向你告别。其实，每个人都有上进心，如果我们对它漠不关心，忽视它的存在，它就会感

到失落，最终负气出走啦！

趁上进心暂时还没离开，让我们对它说：“上进心，别走！”

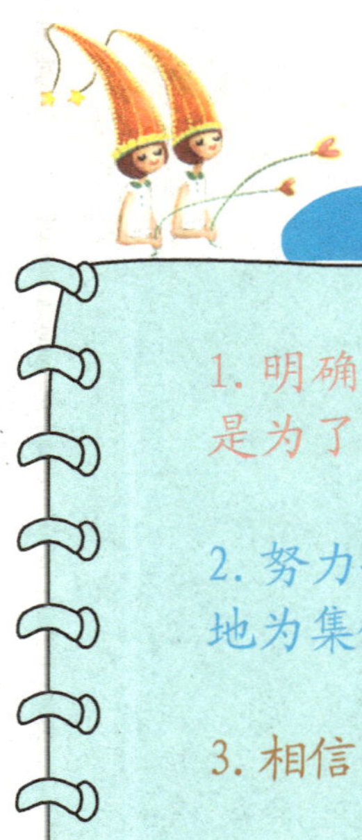

留住上进心的好方法

1. 明确学习的目的不是为了应付老师和家长，而是为了提升自己。

2. 努力寻找存在感。帮助需要帮助的人，力所能及地为集体做贡献，努力做更多有意义的事。

3. 相信自己，树立自信心。告诉自己：“我很优秀！”

4. 尝试努力去做一件事，从中获得成就感。

5. 确立自己的梦想，哪怕这个梦想很遥远。

6. 融入同学中间，和大家一起学习、玩乐，感受别人的上进心。

拥有了上进心，我们就会对生活充满希望，以一种积极向上的心态迎接挑战。渐渐地，我们会越来越乐观，越来越努力，越来越优秀。

有聪明的脑袋也要努力

我的脑袋很聪明，别人花一天时间才能学会，我一个小时就够了。

这应该就是传说中的天才吧！

天才拥有高智商，学习起来似乎比常人轻松许多，效率也高很多。那么，天才是不是不需要努力呢？

当然不是。我们始终要明白一点，有再聪明的脑袋，如果不努力，它也会生锈的！

古时候，有个叫方仲永的人，小时候是个人人称赞的神童，五岁就能提笔写诗。可是，他的父亲每天让他给别人写诗题词，赚取钱财，不让他学习。

十几年过后，方仲永长大了。由于缺少

后天的努力，他最终变成了一个平庸的人。

我们不能依仗自己够聪明，就偷懒、怠惰。那样，短时间也许看不出问题，但时间一长，就会发现自己已经退步了很多，到时候再弥补就来不及了。

不想荒废自己的才能，不想让聪明的脑袋停止运转，唯一的方法就是坚持不懈地努力。

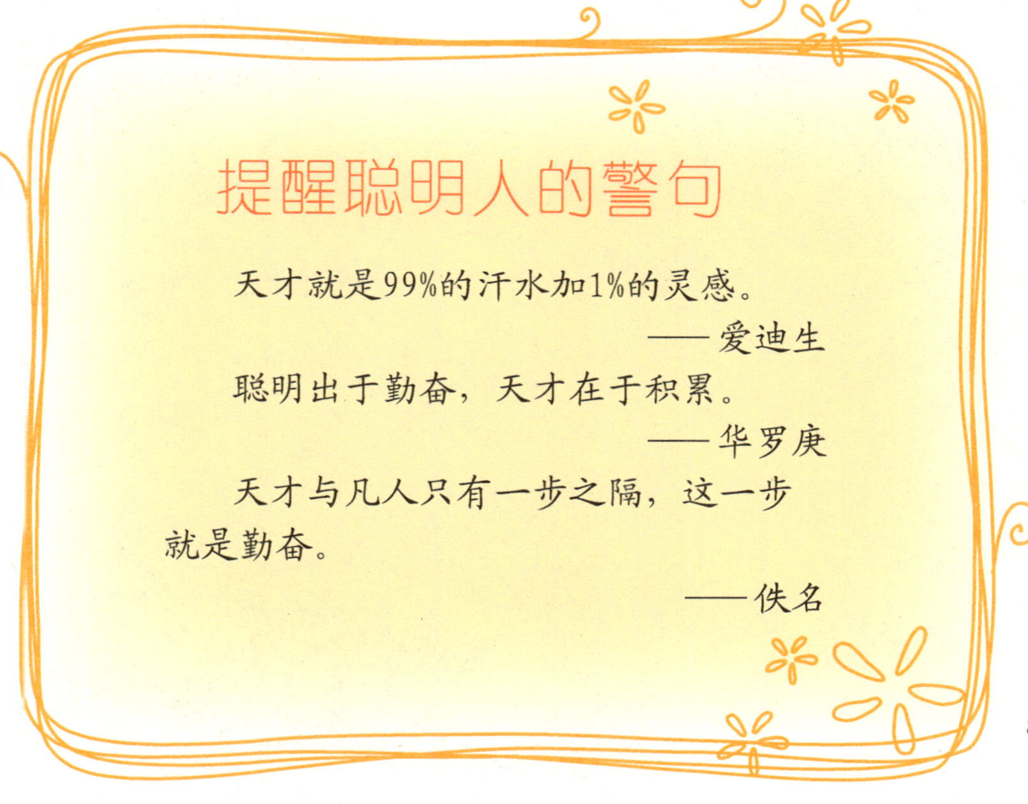

提醒聪明人的警句

天才就是99%的汗水加1%的灵感。

——爱迪生

聪明出于勤奋，天才在于积累。

——华罗庚

天才与凡人只有一步之隔，这一步就是勤奋。

——佚名

别总为自己的聪明感到骄傲，因为那属于基因，或者属于运气，而并不完全属于你，只有通过努力奋斗得来的成功才真正值得自豪！

死脑筋可不行

"这道题我算了很多遍，为什么一直做不出来？"

"她每天嘻嘻哈哈，不务正业，为什么成绩比我好？"

"我真的很努力很努力，可是成绩却一直上不去，这到底是怎么回事？"

许多人常常会有这样的苦恼，每天花很长的时间学习，上课从来不开小差，课后复习从来不怠惰，可是成绩却平平。

难道努力还不够？难道我真的很笨？

都不是！那是因为我们没有找到好的方法，也就是俗话说

的：没有“开窍”。

不管是学习，还是做其他事，光靠勤奋努力是不够的，有时候还得让自己的头脑走走捷径才行。

和读死书告别吧

- 学习不要一根筋，行不通的方法一定要及时放弃。
- 好的学习方法一起分享，经常请教其他同学吧。
- 用自己的方式完成枯燥的学习。
- 制订一个简单可行的计划，让自己有步骤、分阶段地学习。
- 劳逸结合，学的时候认真地学，玩的时候尽情地、没有负担地玩吧！

事半功倍，还是事倍功半？这完全由自己决定。别随便给自己贴上“笨”的标签，打通自己的方法经脉，你一定比谁都聪明。

第4章

郁金香女孩，温暖身边每个人

原谅别人的不小心

教室里，有同学不小心撞到你的课桌，桌上的水杯掉下来摔碎了。

拥挤的公交车上，一个急刹车，有人不小心踩了你一脚。

和同学约好一起去图书馆看书，对方却无缘无故失约，害你在图书馆等了一下午。

……

每天，生活中有无数意外情况在发生。别人一个不小心的动作，一次无意的行为，都很可能给你造成伤害。

面对这些伤害，我们会不开心，会生气，甚至把这些不良情绪转移到别人身上，从而把事情变得更糟。

宽容一点，大度一点，试着去原谅别人无意的伤害，不仅能消除你和对方之间的芥蒂，还能让自己的心情愉悦、轻松起来，岂不是两全其美吗？

你将窗子推开，窗子将外面的美景献给你；你路过一朵鲜花，鲜花将花香送给你。这样想着，是不是觉得原谅也是一件很美妙的事呢？

我是大度的女孩

眼镜妹：

我最心爱的书呀，被馋小兔吃剩的三明治沾满了油。我真的很生气，可是看着馋小兔一脸抱歉，我只好原谅她了！

朱珠：

乔娜真是大嘴巴，竟然把我梦游的事告诉其他同学。不过，看在她经常请我吃薯片的份上，这次就原谅她吧！

五分钟消灭“怒气”

明明知道生气不好，可还是忍不住生气。不想对任何人发火，就只好自己跟自己生闷气。这时候，就像有一团火压在肚子里，释放不出来，又无法让它消失，真的很难受呀！

动不动就生闷气，不仅让自己的心胸越来越狭隘，还十分不利于身心健康啊！它就像一个可怕的心魔，一旦侵入你的身体，就会慢慢侵占你的每一个细胞，让你变得很不可爱，甚至失去自我，失去理智。

遇到这种情况，我们不能放任怒气在身体里乱窜，让它影响心情、扰乱心智，而是要想办法将它消灭掉。

教你五分钟消灭“怒气”

第一分钟：自我暗示

当愤怒的情绪即将爆发时，不停地对自己说：“别生气，别发火，生气伤身体。”以此缓解激动的情绪。

第二分钟：自我安慰

用某些哲理或某些名言安慰自己，并反复告诉自己：“这件事不值得生气！”

第三分钟：合理发泄

实在太生气，千万别憋着一口怒气。大吼几声，甚至大哭几声，将不好的情绪发泄出来，就会轻松许多。

第四分钟：幽默化解

自己和自己开玩笑，讲笑话，试着把自己逗乐。

第五分钟：转移注意力

当火气上涌时，有意识地转移话题，或做点别的事情来分散注意力。看看书、散散步、听听音乐，都是不错的选择。

如果我是你……

路上，齐珊看见一个盲人在小心地摸索着走路，忍不住对妈妈说："瞧那个人，走路真滑稽！"

对于齐珊的行为，妈妈没有发表任何意见。回到家后，妈妈突然对齐珊说："我们来玩躲猫猫的游戏吧！"

妈妈用手帕蒙住齐珊的眼睛，让她来找自己。

眼睛被蒙上后，齐珊非常不适应，尽管走得很小心，还是会碰到桌子、椅子。一不小心，齐珊撞到了桌角，疼得她哇哇大叫。

这时，妈妈走过来，解开齐珊眼睛上的手帕，对她说："现在你还认为盲人很滑稽吗？"

"妈妈，我知道错了！"齐珊惭愧地低下了头。

对一件事情或一个人的行为发表评论前，试着站在对方的角度想一想，就会多一些理解和宽容，同时也可以避免一些不必要的伤害。

遇到下面这些情况，你会怎么做？

图一：有人不小心打碎了你最心爱的陶瓷娃娃，你会怎么做？

答：

图二：有人在你耳边嘲笑其他人的缺点，你会怎么做？

答：

图三：你最好的朋友在跟其他的同学亲密地说悄悄话，她们看起来很要好，你会怎么做？

答：

当你试着站在“她”或“他”的立场想问题，你会发现很多问题根本不是问题。

大嘴巴可不好

“劲爆新闻，劲爆新闻，陆希妍喜欢我们班班长啦！”

“你知道吗？王晓烁的爸爸妈妈离婚了！我可只告诉你一个人啊！”

“艾梅真的好假，总是在男生面前装出弱不禁风的样子！”

说这些话的不是别人，正是大喇叭乔娜。她简直就是班里的狗仔队，总能在第一时间挖掘出最新、最劲爆的消息，然后添油加醋，以所谓“秘密”的形式告诉众人，并乐此不疲。

谁都有可能成为乔娜的爆料对象。时间一长，大家生怕被她“出卖”，便开始提防她，不再与她倾吐任何心事，甚至不愿意再和她做朋友。

因为大嘴巴，让自己失去了别人的信任，也失去了许多友情，真是太不值了。

背后利剑

假设：图一时嘴快，你在背后议论了某人。

经过：由于语言传播的误差，经过许多人的描述后，事情可能被扭曲得面目全非。后来，这件事传入了当事人的耳朵，对她（他）造成了伤害。

结果：她（他）很气愤，寻根究底，找到“罪魁祸首”的你，你们之间爆发了一场“大战”，最后两败俱伤。

管住自己的大嘴巴！

- 一件事没确定前，先不要到处乱说。
- 尽量不要在背后议论他人的外貌、性格。
- 任何所谓的秘密，到你为止，不做下一个传播者。
- 不要为了语出惊人，将一件事说得很夸张。
- 别天真地以为你说的话别人不可能知道。

其实她也很可爱！

因为换了新同桌，齐珊最近特别苦恼。

新同桌名叫李静。在齐珊看来，“李静”这个名字真不适合她，别看她戴一副眼镜，很文静的样子，其实她不认真听课，不讲卫生，爱讲脏话，不顾及别人的感受……简直是个糟糕透了的女生。

为了不影响自己的心情，齐珊决定和李静保持距离，绝不和她有任何瓜葛。

我们是不是也和齐珊一样，心里总会有一个或几个很讨厌的人，总觉得这个人浑身都是缺点，每次见到她（他）总会不自觉地皱起眉头呢？

她（他）真的有这么不可爱吗？其实，那是因为你并没有了解这个人。每个人都有每个人的优点，只要你深入挖掘，便会发现她（他）的可爱之处。

他学习成绩不好，上课也不太专心，但他是个热心肠的男生，经常帮助同学。

她性格内向，不爱搭理人，可是一旦熟络起来，她就会把你当成最信赖的朋友。

不要还未了解一个人，就否定她（他）的全部。也许当你走近她（他），了解她（他），就会和她（他）成为很好的朋友。

一个月过后……

在校园里，齐珊和李静手拉着手，一起去洗手间，一起玩耍，成了无话不谈的好朋友。

原来，经过一段时间的相处，齐珊发现，李静其实是一个很可爱的女孩。她虽然像男孩子一样大大咧咧，但对待朋友特别仗义和大度呢。

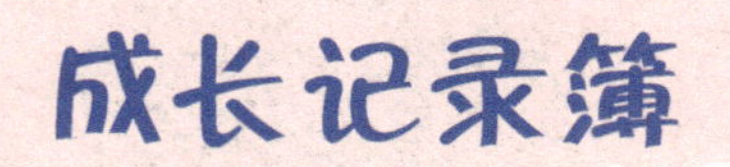

成长记录簿

仔细回想你身边的朋友，有没有那么一个"一开始看她（他）不太顺眼，到后面关系特别亲密"的好朋友呢？将你和她（他）之间的趣事写下来吧！

做人要真诚一点儿

“我喜欢和她做朋友，因为她很真诚！”

“她的道歉很真诚，所以我原谅她。”

“她的眼神一点也不真诚，我确信她在撒谎。”

真诚究竟是什么？真诚就是真实、诚恳、不虚伪、不说谎，最重要的是表里如一。

真诚地对待身边的人，可以与人架起心灵的桥梁，从而获得更多的信赖和理解，收获真正的友谊和关爱。

正所谓“精诚所至，金石为开”，真诚还是化解矛盾的一剂良药呢。

插上真诚的翅膀吧!

- 在和别人交流时，注视别人的眼睛，露出真诚的微笑。
- 做最真实的自己，不要为了迎合别人而伪装自己。
- 说谎是真诚最大的敌人，任何情况下都要保持一颗诚实的心。
- 称赞别人时一定要发自内心。向别人道歉时要诚恳，拒绝敷衍和搪塞。

三顾茅庐

三国时期，刘备赏识诸葛亮的才能，便想请诸葛亮出山辅佐他。第一次，他和关羽、张飞带着贵重的礼物去诸葛亮家，但诸葛亮不在，他们只好失望而归。第二次，刘备听说诸葛亮回来了，又亲自去他家拜访，还是没见到他。刘备没有放弃，又第三次拜访诸葛亮。诸葛亮最终被刘备的真诚打动，便答应与他共图大业。

我·小·心·眼吗？

一天，赵佳玲对齐珊说："我跟你说呀，昨天李笑笑借了我的橡皮擦，到现在还没还给我。把别人的东西占为己有，你说她过不过分？"

齐珊想了想，猜测道："笑笑是个大大咧咧的女生，她应该不是故意的，可能忘了吧！"

赵佳玲一听，气哼哼地说："齐珊，你怎么帮她呀，你到底和谁一边？"

齐珊一片好心，反而碰了一鼻子灰。赵佳玲实在太爱计较，简直没法和她沟通嘛！

不了解真相就对别人妄下定论，总是揪着一些小事斤斤计较，这样的女生往往会被人贴上"小心眼"的标签。对大多数人来说，小心眼的女生真的很难相处啊！

小心眼与大气度

99

不做小心眼的女生

1. 在判断一件事之前，先将整件事的真相了解透彻。
2. 那些比芝麻粒还小的事，就别放在心上了，让它随风去吧。
3. 在指责对方前，先反思自己是不是也有错。
4. 不要把别人的好当成理所当然，也不要把别人的不在意当成背叛。

把“敌人”变成朋友

林肯作为美国总统，他对政敌的态度一直很和善，这引起了一位官员的不满。

官员批评林肯：“你怎么能试图跟那些人做朋友呢？应该毫不手软地消灭他们才对。”

“当他们变成我的朋友时，”林肯十分温和地说，“难道我不是在消灭我的敌人吗？”

当“敌人”变成了朋友，自然少了一个“敌人”，而多了一个朋友，这个做法是不是很明智呢？

学习上，我们很可能遇到“宿敌”，成绩和水平相当，总不甘心她（他）比自己厉害，也害怕被超越，于是为了名次和荣誉争斗不休；生活上，我们也可能遇到“死对头”，总是互相看不顺眼，还常常因为一些误会弄得仇怨颇深。

其实，世界上没有真正的敌人，只要我们愿意敞开宽容的心，容忍别人的小过失，化解两人之间的矛盾，“敌人”变成朋友就会成为可能。

“敌人”变成的朋友更可靠

如果对方曾不小心伤害过你，本身对你心存愧疚，而你愿意不计前嫌，用一颗宽容的心原谅她（他），并真心实意和她（他）成为朋友，她（他）必定会抱着感动和感恩的心，付出百分之百的真诚和你做朋友。

廉颇和蔺相如

战国时期，赵国名将廉颇很讨厌蔺相如。他总觉得蔺相如功劳没他大，不该拥有比他还高的地位。蔺相如得知廉颇的不满，一点儿也不生气。别人都以为蔺相如怕廉颇，他解释道：“我怎么会怕廉将军呢？如今秦国对赵国虎视眈眈，如果我和廉将军不和，赵国的势力就会减弱，这不是让秦国有可乘之机吗？”这话后来传到了廉颇耳中，他惭愧不已，就来到蔺相如家，向他负荆请罪。从此，两人成为很好的朋友，共同辅佐赵王，为赵国效力。

多亏有你呀！

“多亏了妈妈，我每天才能吃得好穿得暖呀！”

“多亏了老师，这次的成绩才会进步！”

“多亏了同桌，每天监督我，上课再没有打过瞌睡。”

“刚刚多亏有你，我的钱包才没被小偷扒去。”

像这样，常常怀着一颗感恩的心，慷慨地把自己的感激表达出来，这样不仅能让对方感到愉悦，还能让你的人际关系越来越好呀！

在生活中，许多人都给过我们关爱和帮助，爸爸妈妈、其他亲人、老师、同学，甚至善良的陌生人……不管是谁，哪怕只给予我们滴水之恩，我们也应当以涌泉相报。

感恩家人

亲人是给我们最多关心和爱的人。他们陪伴着我们，总在我们最需要的时候出现，却从来不求回报。请时常对家人说：“我爱您！”“谢谢您！”“您辛苦了！”

感恩老师

老师教我们知识，告诉我们做人的道理，并用耐心包容我们，还常为我们的学习操心。请时常对老师说：“谢谢您的教导！”“老师，您辛苦了！”

感恩朋友

朋友陪我们一起笑，陪我们一起哭，总在我们遇到困难时第一时间赶来，并无条件地给予我们信任。请时常对朋友说：“多亏有你！”“我相信你！”

爱心·让我如此美丽

在一个豪华的庄园里，正在举办一场盛大的慈善晚宴，为非洲贫困儿童募捐。

这时，有个小女孩来到庄园的入口处，她手中抱着一个储蓄罐，里面装着她想要捐给非洲孩子的30美元。

“对不起，没有请柬的人不能进去。”门口的保安拦住了女孩，“小姑娘，这里应邀参加晚宴的都是重要人物，这种场合不适合你。”

“叔叔，慈善的不是钱，而是心，不是吗？”

小女孩的话让保安愣住了，他顿时不知道说什么好。

这时，一个老头儿走过来，拿出一份请柬，递给保安，对他说：“我可以带她进去吗？”原来，说这句话的正是全球著名投资专家——巴菲特先生。

当天的慈善晚会，许多商业名流捐出了几百万，比起他们，小女孩捐出的30美元微不足道。可是，她却获得了最热烈的掌声。

慈善的不是钱，而是一颗爱心。爱心是一笔巨大的财富，拥有它的人都是无比富有的。

爱心从来不偏袒任何人，只要我们愿意接纳它，它就会住进我们的心房，照耀我们的心灵，让我们变得更加美丽。

爱心是什么?

真诚地同情和关心弱者；
尽全力帮助需要帮助的人；
帮助别人从来不求回报；
把爱和善良传递给身边的每一个人。

爱心行动记录簿

记录你的爱心行动，并勉励自己，继续做一个善良、有爱心的女孩！

地点：
时间：
事件：
心得：

嘴上的刺要拔掉

中午，为了打发无聊的时间，齐珊便凑到艾梅身边，找她聊天。

“艾梅，我前几天遇到一件很好笑的事……”

等齐珊叽里呱啦讲完，艾梅缓缓扭过头来，一脸认真地说：“齐珊，你可真逗，这件事哪里好笑了？”

“呵呵，是吗？”

齐珊像被人浇了一盆冷水，从头淋到脚，只好默默地回到了自己的座位上。

当你正在兴致勃勃地讲一件事，突然有人丢出一句冷语嘲笑，你的心情是不是会跌到谷底？

在人很多的场合，有人对你说“你真胖”“你的裙子真难看”“这个包不适合你”……听到这些看似诚恳的评价，你是不是会很恼火呢？

人与人之间相处，应该多顾忌别人的感受，适当地管住自己的嘴，千万不要用那些带刺的话伤害别人。

如何拔掉嘴上的刺？

- 对方说出的笑话并不好笑，你可以投以一个礼貌的微笑，千万不要肆意点评。
- 不要对别人的外貌、穿着打扮指指点点。
- 对别人提出建议或意见时，避免尖锐或诋毁的言辞，如“你真笨”“你好丑”等。
- 尽量少用带讽刺意味的词语或句子，如“你和猪是亲戚吗？”“你长得真抽象啊！”
- 不要为了显示自己的幽默，故意嘲笑别人。

别冷冰冰的，好不好？

“我跟她说话，她总是爱答不理的，以后我再也不自讨没趣了。”

“是啊！上次我主动和她打招呼，她笑都没笑一下，好像自己很了不起似的。”

一个态度冷漠的人，往往没有什么朋友。因为大多数人都有这样的心理，我才不想用热脸去贴冷屁股，自讨没趣呢。

有人会说，我冷漠并不是因为讨厌别人，也不是像别人说的那样自以为了不起，而是因为自己是慢热型的人，不太适应别人的热情。

其实，不管是快热的人，还是慢热的人，只要不把自己封闭在小角落里，只要真心实意地感受别人的热情，就会发自内心地微笑，这一点儿也不难。

人与人之间的相处很容易，一个简单的微笑就能拉近彼此的距离。

第一步 时常对着镜子练习微笑。

第二步 多想美好的事。

第三步 多看美丽的风景。

第四步 让自己保持愉悦的心情。

第五步 凡事不要总想着自己。

第六步 多多考虑别人的感受。

第七步 试着主动和别人交流。

第八步 多多参与伙伴们的活动。

第九步 面对误会别总是沉默。

第十步 多多挖掘自己的幽默细胞。

我是朋友的一只手

可怜的李笑笑遭遇了车祸，为了方便治疗，她那一头乌黑的长发被剪成了平头。

李笑笑的伤治好了，可是看着镜子里难看的平头，她怎么也不肯去学校。

一天早上，李笑笑还在睡觉，突然听到敲门声，她打开门一看，大吃一惊。门口站着一个剃着平头的小姑娘，那正是她最好的朋友刘俏。

原来，刘俏得知李笑笑因为难看的平头不肯去学校，就立马跑去理发店也理了一个平头！

“笑笑，咱们一起去学校吧！”

于是，两个平头女生手牵着手一起去学校啦！

对待朋友，就应该真正地为她（他）着想，在她（他）最需要时出现，做她（他）的另一只手，陪伴她（他）一起面对困难和挫折。

朋友之间，不需要任何约定，更不需要华丽的语言，只要一个关切的眼神，一双温暖的手，就能筑起一座坚实的友谊之桥。

我和我的朋友

你最好的朋友是谁？你和她（他）之间有哪些有趣的事？你们又是如何相处的？相信对于她（他），你有许多话想说吧！

朋友的姓名：

朋友的爱好：

我和朋友一起经历的趣事：

我想对她（他）说的话：

我很善良，但不软弱

有一天早上，齐珊走进教室，发现自己的课桌被人涂上了一层厚厚的胶水。这时，教室里的男生突然大声念道：“齐珊是个超级乌龟丑八怪！”

齐珊抬头一看，黑板上用红色粉笔赫然写着这几个字。

齐珊忍住眼泪，走上讲台，擦掉了黑板上的字，然后又默默走回座位，把课桌上的胶水一点一点抠掉。

快上课时，艾梅凑到齐珊耳边，悄声对她说：“在黑板上写字，在课桌上涂胶水，都是王晓烁做的，刚刚他自己已经承认了。我们去告诉老师吧！”

王晓烁是班里的小霸王，谁要是惹了他，以后可有得受了。齐珊想着，多一事不如少一事。于是，她对艾梅说：“还是算了吧，事情并没那么严重啦！”

班里总有那么一些调皮的男生，他们并不坏，但总喜欢恶作剧。如果你一味地忍让，他会认为你胆小怕事，很好欺负。很不幸，你很有可能成为他的“恶作剧指定对象”，今后更不可思议的事将一桩接一桩地发生。

很多时候，过度的忍让并不是善良，而是软弱，同样也是在纵容别人犯错。我们必须分清善良与软弱的界限，面对伤害要学会保护自己。

遇到以下情况绝不软弱

被他人恶意诋毁，一定要站出来反驳。

被坏学生故意欺负，一定要报告老师。

遇到坏人，一定要先保护自己，并告诉大人或报警。

看到不道德的行为，一定要出面制止。

第5章

满天星女孩，低调的灿烂

我是一粒小小的尘埃

有一天，苏格拉底的学生们聚在一起聊天。聊着聊着，一个学生炫耀道：“在雅典，我家拥有好大一片土地。”

苏格拉底听到了，就拿来一张地图，对他说：“请你指给我看，雅典在哪里？”

学生睁大眼睛找了老半天，指着一个小点儿，犹豫地说：“好像在这儿。”

苏格拉底又说：“那你家的土地在哪里？请指给我看。”

在地图上，那块土地小得连个影子都没有，学生急得满头大汗也没找到。这时，他终于明白了苏格拉底的用意，低下头回答道：“对不起，老师。我知道错了，以后再也不炫耀自己了。”

与整个世界相比，我们本身细微得像尘埃，而我们拥有的一切也小得几乎看不见。在成长的道路上，不管是父母拥有多少财富，还是我们自己获得了多大的成就，都得清醒地认识到，这没什么值得骄傲的，也根本没必要到处炫耀。

世界很大，路还很长，我们要学习的知识还很多，只有承认自己的渺小，才能获得成长的空间。

我是谦虚的小尘埃！

我从来不向同学炫耀我的成绩；

我从来不和别人攀比零花钱、穿着和打扮；

我总是虚心接受老师和同学的意见和建议；

面对夸赞，我从来不会骄傲，而是勉励自己争取做到更好；

面对批评，有则改之，无则加勉。

关于谦虚的名言

一切真正的和伟大的东西，都是纯朴而谦逊的。

——别林斯基

谦虚使人的心缩小，象一个小石卵，虽然小，而极结实。结实才能诚实。

——老舍

被批评了，怎么办？

有个年轻人，自认为文采很好，就写了一篇文章寄到一家杂志社。

一个星期后，杂志社退回了他的稿子，并回了一封信给他：“我们仔细审阅了您的稿子，发现您在语法上有许多错误，甚至有许多错别字。”

年轻人读了信，非常生气，真想把信撕得粉碎，但转念一想：“对方说得对，我的稿子确实存在很多问题，还需要改进。”

于是，他将稿子重新整理了一遍，附带一封感谢信，重新寄给杂志社。

几天后，他再次收到杂志社的信，他的稿子被采用了。

正因为得到了关注，才会受到议论和批评。我们应该感激指责我们的人，他们让我们看到了自己的不足。如果我们虚心接受批评，并努力去改正，就能使自己变得更加优秀！

遭遇批评和指责，请别沮丧，也不要埋怨，把它当成一剂苦口的良药吞进肚子里吧！苦滋味是短暂的，收获却是丰厚而长久的，我们会在批评的雕琢下更加完美的！

如何正确地对待批评

克制住自己的第一反应

遭到批评，我们的第一反应通常会很生气，想要反击。这个时候，我们应该克制自己，让自己冷静下来，再来思考别人的批评是否有道理。

感谢批评你的人

不管批评是否中肯，我们都应展现自己的风度，真诚地谢谢他们。一个简单的感谢会赢得别人的尊重，也让自己拥有一个积极的心态。

在批评中学习经验

如果别人的批评很有道理，就虚心听取他们的意见，并想办法改正错误。把它当作一个重要的经验，积累成自己的财富，让自己变得越来越好，越来越棒。

她真的很棒！

“演讲比赛艾梅拿了第一名，她好棒啊！”

“这没什么了不起的，要是我也参加了，第一名还说不定是谁的呢。”

遇到比自己优秀的人，碰到别人某些方面比自己厉害，心中会不会很不服气，觉得自己可以比她（他）更好，做得更出色？

每个人都有缺点，都不可能无所不能，也不可能处处强于其他人，以一颗平常心接受自己的不足，用欣赏的态度面对别人的优势，这没什么难的。

抛弃自负和自卑，学会欣赏别人，在别人的身上寻找值得学习的地方，借此来充实自己，让自己变得更加完美。

学会发自内心地赞美别人

身边的她（他）真的很棒，我们可以真诚地赞美她（他）。

别人获得好的成绩，发自内心地祝贺她（他），鼓励她（他）。

面对竞争对手，不要心存敌意，努力充实自己的同时，也学会欣赏别人。

注意赞美的言辞和方式，让对方感到你的真心吧！

人和人之间的关系是互相的。你喜欢别人，别人才会喜欢你；你欣赏别人，别人才会欣赏你。而当你用鄙视的眼光看别人时，别人也会向你投来鄙视的眼光。

让我们少一些质疑和嫉妒，多一些欣赏吧！人与人彼此欣赏，世界就充满了温暖和爱！

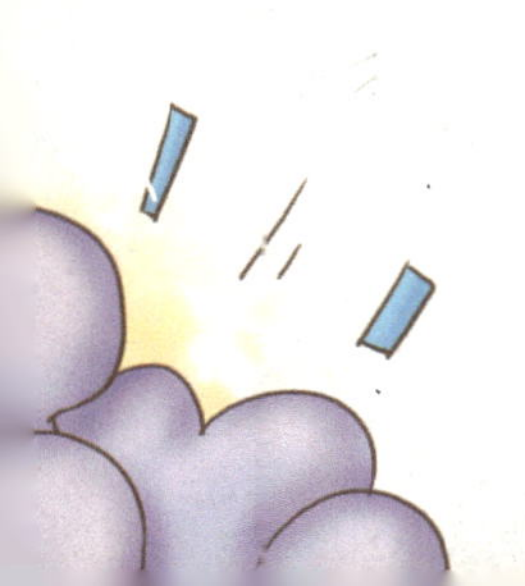

我还可以更好！

听到别人夸赞自己；

通过努力取得进步，获得一次成功；

发现自己胜过竞争对手，或比很多人优秀……

如果这时候虚荣心一点一点膨胀，越来越容易满足，越来越放松自己，不再积极进取，那么我们将再也不能突破自己，这多么可怕啊！

成长是一个不断前进、不断超越的过程，我们不应该满足于一点小成绩，也不要听到几句夸赞就骄傲起来。成就和赞美有时候就像糖衣炮弹，如果我们面对它们时不保持清醒的头脑，不保持高度的警惕，就很容易迷失自己，让自己不进而退。

不管成就多大，赞美多么动听，我们也要不断地给自己设置新目标，不断地去努力，并始终相信：没有最好，我可以变得更好。

别那么骄傲！

别那么骄傲，世界那么大，有千千万万比我们更优秀的人；

别那么骄傲，好运气随时可能走掉，只有不断地努力最可靠；

别那么骄傲，成功一次不算什么，每次都成功才是真的本事；

别那么骄傲，在你沾沾自喜时，说不定已经有人超越了你。

警惕骄傲的名言

骄傲、嫉妒、贪婪是三个火星，它们使人心爆炸。

——但 丁

自负是安抚愚人的一种麻醉剂。

——莱 辛

傲慢的人不会成长，因为他不会喜欢严正的忠告。

——卡内基

让一让不会吃亏

新学期开始的第一天，老师搬来一大摞新书，让艾梅和其他几个同学发给大家。

艾梅抱着好大一摞语文书，从第一排开始，一本一本往下发。当她发到最后一个同学王佳佳时，手中还剩下两本书。她刚准备把上面的那一本发给王佳佳，可是低头一看，那本书的封面缺了好大一个角呢。

此时，王佳佳也看到了书上的缺角，脸色顿时阴沉了下来。

只见艾梅抽出下面那一本，轻轻将它放在王佳佳的课桌上，然后拿着另一本转身朝自己的座位走去。

把好的给别人，把不好的留给自己，表面上看起来很吃亏，好像会给自己造成损失，实际上，整个过程中，得到的远远

比失去的多，我们会因为付出而收获敬佩，也会因为谦让而获得感激。

人和人的感情是互相的，如果我们懂得谦让，懂得时时刻刻为别人着想，自然也会得到更多体谅和关爱啦！

让我们预测一下吧！

经历让书事件，艾梅和王佳佳之间会发生怎样的后续故事呢？王佳佳会因此深受感动，觉得艾梅是一个很好相处、很大度的人。今后，艾梅遇到什么困难，需要帮助，王佳佳一定会第一时间站出来。从此，两人成为相亲相爱的好朋友！

学会谦让

1. 懂得分享。分享让人人都拥有，也让我们自己收获更多美好。

2. 告别自私。不要总想着自己，不顾及他人，这很容易让我们陷入孤立无援的境地。

3. 看轻得失。暂时的舍弃并不是永远的失去，舍得夜晚的星空，才能获得白昼的光明。

相信1+1的力量

齐珊当选了班上的宣传委员，要出一期黑板报。她心想：终于轮到我大显身手了，我一定要让大家看到我的实力。

可是，做黑板报有很多步骤呢。确定主题、设计框架、找文章、绘图……每一项工作都不容易。齐珊虽然自信满满，可是她一个人做起来还是很吃力。

“齐珊，让我们来帮你吧！”

有几位同学主动要求帮助齐珊。齐珊心里矛盾极了，她不忍心拒绝别人的好意，但更想独立完成这件事，体现自己的能力。

每个人的能力和水平都是有限的，而群体的力量和智慧是无限的。生活和学习中充满困难和挑战，很多事并不是靠努力就能独立完成的。这时候，我们应该学习借助别人的力量，通过合作让自己取得成功。

人本身就生活在一个群体中，为群体奉献自己的一份力量，并虚心接受别人的帮助，这一点儿也不丢脸，相反，这能让我们拥有更多良师益友。

团结的力量

一根筷子很容易被折断，十根筷子绑在一起就会变得很坚固，这就是团结的力量。人也是一样啊，“三个臭皮匠赛过一个诸葛亮”，一个人的才能很有限，独自完成一件事并不容易，如果把大家的智慧集中在一起，就能达到1+1＞2的效果哟！

- 团结一切可以团结的力量。
- 发挥每个人的长处，分工合作。
- 别嫉妒某些方面比你优秀的同伴。
- 先考虑集体的利益，再考虑自己。

礼貌的女孩最优雅

齐珊与艾梅

艾梅和齐珊，谁说的话更让人舒心？谁更懂礼貌一些？如果你认识她们，你更愿意和谁交朋友？

想都不用想，答案一定是艾梅啦！她说的每一个词、每一句话都显得那样有礼貌、有修养，谁不愿意和这样的女生做朋友呢？

相反，齐珊的话很没礼貌，会让听的人觉得不受尊重，很容易让人误会她的用心，甚至对她产生厌恶心理呢。

礼貌不仅能拉近人与人之间的距离，还能培养一个人的气质，让我们成为人见人爱的优雅女生吧！

我是懂礼貌的女孩！

1. 我会说“谢谢”“请问”“打扰一下”“对不起”“你好”等礼貌用语。
2. 不管是去别人家，还是去老师办公室，我都会轻轻敲门，得到允许再进去。
3. 我在和别人交谈时，会认真听对方说话，并礼貌地直视她（他）。
4. 我会主动和别人打招呼，即使不小心和陌生人对视，我也会投以礼貌的微笑。
5. 我尊重长辈，礼让弱小。

粗鲁，别再跟着我！

齐娜只要不开口，不做任何动作，其实是个很可爱的女生。

可是，她一张口，三句不离脏字，坐没坐相，站没站相。妈妈常常对她说：“齐娜，你哪里像个女孩子呀！”

齐娜的标准回答是：“这叫个性，你懂什么！”

这真的是个性吗？个性需要脏话来衬托？个性是可以放任自己没有规矩的理由吗？当然不是啦！真正的个性不等于粗鲁。我们可以特立

独行，但绝不是对自己毫无要求；我们可以不做没主见的“乖孩子”，但绝不能让自己失去气质。

生活在文明社会中，我们要与粗鲁和无礼说再见，做一个文明的、内外兼修的女孩。

不做粗鲁的女孩

- 并不是嗓门越大越有理。试着放低自己的音量，用事实和行动来说服别人。
- 告别脏话。做一个讲道理的女孩，不用污秽的语言攻击别人、侮辱别人。
- 女生也要动口不动手。咱们要做淑女，和别人发生矛盾时，绝不能用暴力解决问题！
- 不可以任性！谁说女生都不讲道理？面对问题，不要无理取闹，要摆事实讲道理。

沉默是一种智慧！

富人拉着一个农夫去见法官，说他的马被农夫的马踢死了。

法官向农夫求证，可是农夫一个字也不说。最后法官问富人："这个农夫不会是哑巴吧！"

富人喊道："绝不是，他之前还和我说过话！"

法官又问："他说了什么？"

富人说道："他之前告诉我，不要把马和他的马拴在一起。他的马还没有驯服，会踢死我的马。"

法官一听，说道："这样说来，农夫事先曾警告过你，他并没有错啊！"

农夫什么也不说，并不是因为心虚，而是因为他知道，眼前的情况对他非常不利，说得多也容易错得多，还不如什么也不说。

语言虽然是最佳沟通方式，可是有时候往往言多必失，不假思索的语言很可能起到反作用。这时候，适当的沉默就是一种智慧，它留给我们更多思考的时间，也能提高每一句话的质量。

关于沉默的名言

说话是银，但沉默是金。

——卡莱尔

多言数穷，不如守中。

——老子

学会适当的沉默

1. 学会倾听，不要随便打断别人的话。
2. 被人误解，用事实去证明比一味地辩解更有用。
3. 与人发生不必要的争执时，“少说话”是最好的灭火器。
4. 多多考虑别人的感受，不要轻易将恶言说出口。
5. 不确定的话不要随便说出口，给自己一点思考的时间。

退一步也没什么损失

和同学发生争执，是无止境地争吵，直至胜利？还是选择让一步，化干戈为玉帛？

不小心听到有人说自己坏话，是立刻跑上前去，和对方对质？还是保持沉默，让流言随风而逝？

前者把简单的问题放大，甚至让一个问题衍生出更多问题，最后不但什么问题也无法解决，还有可能对他人、对自己造成不可估量的伤害。

后者将复杂的问题缩小，甚至消灭。只要不涉及原则问题，我们不妨大度一些，退让一些。我们不会因此而损失什么，相反，我们会得到赞许，拥有更多真心的朋友，何乐而不为呢？

仁义胡同

古时候，有个人在朝廷做官，一天突然接到家里的来信。信中说：家里和邻居家因为相邻的一块地起了争执，家人想请他出面说服邻居。不久，官员回了一首打油诗："千里家书只为墙，让他三尺又何妨。万里长城今犹在，不见当年秦始皇。"最后，家人和邻居各后退三尺，中间隔出了一条六尺宽的小巷。大家将它命名为"六尺巷"。

我的退让记录本

准备一个随身携带的小小记事本，记录下自己每次与人发生争执的时间、原因，并进行自我反省。过一段时间重新翻看一遍，你就会发现很多事微不足道。以后再遇到类似的情况，你就懂得退让啦！

我自信过头了吗？

“这些题目实在太简单了，搞定它们轻而易举。”

“这没什么了不起的，我能做得比她更出色。”

“你这样做不对，只有按我说的做才是正确的。”

我们的身边常常会出现这样一些人，他们对自己充满信心，总觉得自己样样在行，说什么都是对的，什么都能比别人做得好，还总喜欢对别人指手画脚。

一个人太相信自己，实际上就是自信过了头。每个人都有犯错、失误的时候，每个人都有缺陷，没有人永远正确，也没有人完美无缺。一个敢于承认自己的不足，也能大度地接受别人好的意见的人，才是真正自信的人。

你自信过头了吗?

- 只听自己的，对别人的意见或建议置之不理。
- 把自己的利益放在第一位，从来不在乎别人的需求和感受。
- 内心孤僻，不愿意融入群体，也不懂得团结合作。
- 喜欢干预别人的决定，甚至理所当然地把自己的意愿强加于人。

如果不小心中了以上任意一条，你一定要注意啦！这说明，你的过分自信已经在不知不觉中冒出头来了！

不过别担心，削掉多余的自信有妙招哟！

- 时常检讨自己，认识到自己的不足。
- 每一次成功后，给自己一些危机感，勉励自己继续向前。
- 试着听一听别人的意见，并试着做一做。
- 抛弃个人英雄主义，相信集体的力量。

我要尊重别人

公交车站，齐珊和爸爸正在等公交车。

不远处，一位身穿橘色制服的环卫工人正在扫地。他一边把果皮、纸屑、树叶一点一点扫进簸箕里，一边朝齐珊这边移过来。

一不小心，环卫工人的扫帚蹭到了齐珊的鞋子。

“哎呀！”齐珊慌忙跳到一边，尖叫道，“脏死了，离我远点儿！”

环卫老大爷也吓得退了两步，一脸的尴尬。

这时，一旁的爸爸严肃地对齐珊说：“不管对谁，你都应该有礼貌，你得为你的不礼貌行为道歉，明白吗？”

齐珊真的做错了吗？她需要对环卫老大爷道歉吗？

作为一个懂礼貌、讲文明的女孩，应该学会尊重身边的每一个人。不管是谁，不管他年龄长或幼，也无论他从事什么职业，都应该被尊重。对别人失礼，不懂得尊重他人，必然也得不到别人的尊重。

不管是齐珊，还是我们自己，都得为自己不尊重别人的行为道歉，这是一个优秀女孩必备的修养和品质呀！

关于尊重的名言

- 对人不尊敬，首先就是对自己不尊敬。

——惠特曼

- 要尊重每一个人，不论他是何等的卑微与可笑。要记住活在每个人身上的是和你我相同的性灵。

——叔本华

她很无礼，我有风度

午饭时间，齐珊和艾梅匆匆跑进食堂，排在队尾准备取餐。

“喂！”身后突然传来粗鲁的声音，“你们干吗插队，没看见前面有人吗？”

两人转头一看，一个高个儿女生正气冲冲地瞪着她们。

齐珊记得很清楚，她们排队时前面根本没有这个女生。齐珊刚准备理论一番，艾梅赶紧拦住她，礼貌地说：“不好意思，我们刚刚没注意，你先吧！”

高个儿女生露出胜利的笑容，大摇大摆地站在了她俩前面。

面对无礼的要求，粗鲁的言语攻击，是选择以牙还牙，还是有风度地退让呢？前者只会让事态越发严重，甚至闹到不可收拾的地步；后者则能让大事化小，小事化了。

更何况很多时候对方做出一些无礼的挑衅，就是为了让你生气。如果我们为此大动肝火，正好中了对方的圈套，满足了他们的好事心。相反，如果我们选择从容地原谅，始终保持礼貌和风度，对方就无计可施，只好悻悻离开啦！

做个有风度的女孩！

对流言蜚语一笑而过

一不小心听到关于自己的流言蜚语，与其指责怒骂，还不如一笑而过，用时间和事实证明自己。

管理好自己的情绪，用微笑去面对诋毁和攻击。你越是大度、从容，对方的气势就会越弱。

幽默可以化解尴尬气氛

当气氛变得很尴尬时，适当的幽默，能有效削减别人的愤怒，也能体现自己的风趣。

每时每刻都大方得体

任何时候都要表现得大方得体，而不是畏首畏尾、忍气吞声。

第6章

桔梗花女孩，用真诚打动你的心

从制止第一个谎言开始

你是否有这样的经历？

不经意说了一个谎，为了让这个谎站住脚，又用另一个谎言去圆谎。接着，为了让所有谎话都成立，只好撒更多的谎，最后一发不可收拾，成了名副其实的谎话精。

说谎就像塔罗牌，只要动了第一张牌，后面所有的牌都会受到牵连，形成一个巨大的连环。

也许，说一个谎并不可怕，其威力微乎其微。可是以一个谎言开头，衍生出更多谎言，就会像禽流感一样，带来不可估量的损失。

那么，从现在开始，管住自己的嘴巴，制止第一个谎话脱口而出吧！

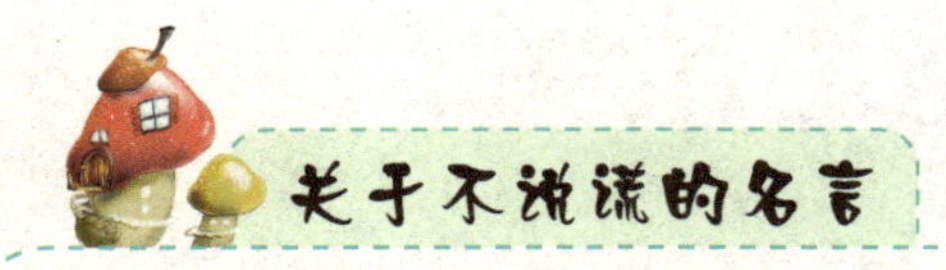

说“我不知道”比说谎好。

——马根

说谎话的人所得到的，就只是即使说了真话也没有人相信。

——伊索

齐珊的谎言

老师：齐珊，你今天为什么迟到呀？
齐珊：老师，我早上拉肚子啦！

老师：把你家电话给我，我要问问你妈。
齐珊：老，老师，我家没电话。（慌张状）

老师：好吧！放学后我们一起去你家！
齐珊：老，老，老师，我家住得很远呢！（流汗状）

老师：没事！我有车。
齐珊：老，老，老，老师……（晕厥状）

对不起，我错了！

有一天，刚上完体育课，齐珊第一个走进教室，看到艾梅的课桌上放着一个玉手镯。这个手镯实在太漂亮了，齐珊忍不住拿起来，想戴在自己的手腕上看一看。

可是，手镯太小了，齐珊怎么也戴不进去。一个不小心，手镯掉在了地上，“啪嗒”一声摔成了两截。齐珊慌张极了，她赶紧回到自己的座位上去，假装什么事也没发生。

齐珊犯了错，首先想到的不是如何弥补过失，而是逃避责任，她的这种行为对吗？

人难免会犯错，犯错并不可怕，也并不是不可原谅的。有些人犯了错，勇于承认错误，并在错误中反省自己，不断改正，这样的人必定会越来越优秀；而有一些人犯了错，却没有承认的勇气，也没有改正错误的决心，其结果只能是一错再错，无药可救。

面对错误，一定不要逃避，而是要勇敢地站出来，为自己的言行负责任。哪怕被指责，不被理解，也要做一个坦荡荡的自己。

有错就认，知错能改！

- 意识到错误，请第一时间承认，千万别错过认错的最佳时机。
- 不管对方有多生气，请真诚地表示歉意，语言和态度都必须诚恳。
- 如果实在无法当面道歉，也可以用书面的形式。只要真心实意，就能打动对方。
- 尽可能地弥补过失，无法弥补的，就用另外的方式让对方感到宽慰。

承认错误也有诀窍

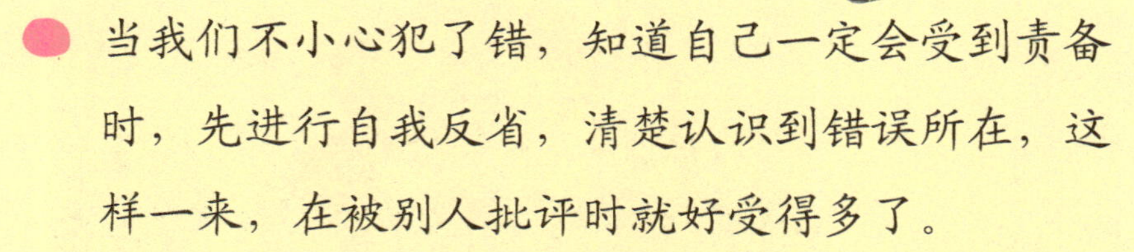

- 当我们不小心犯了错，知道自己一定会受到责备时，先进行自我反省，清楚认识到错误所在，这样一来，在被别人批评时就好受得多了。
- 在别人责备你之前，先找机会坦诚地承认错误，并提出切实可行的补救措施，这样一来别人就很容易消气，很快原谅你啦！

我有责任心！

星期天的下午，齐珊坐在一个水果摊前，做起了生意。原来，邻居王奶奶生病在家休息，齐珊主动提出帮她看一下午摊。

一开始，齐珊觉得卖水果很有趣，做起生意来可起劲了，很像个小老板。可是，两个小时后，齐珊觉得无聊起来，时间也越过越慢。

这时，艾梅刚好经过，邀齐珊一起去逛街。

齐珊矛盾极了，该留下来继续看摊呢？还是和好朋友一起去逛街呢？

如果你是齐珊，你会做出怎样的决定呢？

既然答应了别人，是不是应该负起责任，不能因为任何主观原因而失信于人呢？

一个人的责任心很重要。有了它别人才会信任我们，有了它我们才对得起自己的良心，有了它我们才会竭尽全力地去做一件事，并做到尽善尽美，不留一丝遗憾。

培养自己的责任心

- 对自己负责。认真学习，积极锻炼身体，努力做好每一件力所能及的事。
- 对别人负责。不推卸或逃避责任，有承认错误的勇气，有承担责任的气魄。
- 对集体负责。积极参与集体活动，团结团队中的每一个成员，不偷懒也不以自我为中心。
- 对家庭负责。不让家人操心和担心，做爸爸妈妈最贴心的小棉袄。

我不是放羊的孩子

相信大家都听过《狼来了》这个故事吧！

它讲的是一个小孩每天都在山上放羊，觉得很没意思，就骗山下的村民："狼来了！"村民们以为狼真的来了，就跑上山帮小孩赶狼，结果被骗了。

第二次，孩子又对村民们喊："狼来了！"村民们上山后发现又被骗了。

到了第三次，狼真的来了，孩子再一次喊道："狼来了，狼来了！"可是，没有一个人相信他，他的羊全被狼咬死了。

用谎言去捉弄别人，结果往往是自己捉弄自己，自讨苦吃！

很多时候，我们也喜欢恶作剧，喜欢开一点儿小玩笑欺骗别人，在别人慌张的表情中寻找乐趣。可是，谎话说多了，换来的必定是说了真话也没人相信。

朋友之间，偶尔开一个玩笑并不过分，但如果玩笑过了头，欺骗过了界，就会给他人和自己带来许多麻烦。

你讨厌这样的恶作剧吗？

齐珊：李笑笑，你的鞋带松了！
（事实上，李笑笑的鞋没有鞋带。）

陆希妍：佳玲，快去教务处，老师叫你爸爸来学校啦！（事实上，佳玲爸爸正坐在家里看电视。）

齐珊：呀，蟑螂！
（事实上，那是一只玩具蟑螂。）

李乐乐：谁把我的眼镜藏起来啦？
（事实上，偷藏眼镜的调皮男生正在偷笑。）

这样的恶作剧很不讨人喜欢吧？所以，开玩笑一定要有分寸啊！千万不要为了自己一时开心，伤害到别人！

答应了，我就会做到

齐珊约艾梅星期六上午9点去图书馆看书。

可是到了这天早上，天空中乌云滚滚，不一会儿就下起了密密麻麻的雨。好大的雨啊，打得玻璃窗噼里啪啦响个不停。

齐珊越着急，雨就下得越大，好像偏要和她作对似的。眼看和艾梅约好的时间就要到了，雨就是不停。望向窗外，路上一个人也没有，齐珊真有点儿不想去了。

十分钟过后，齐珊还是拿起雨伞，向图书馆走去……

说话算话、言而有信的人一定最值得信赖，一定最受人欢迎。诚信是人与人之间的桥梁，能拉近心与心之间的距离。

古人云：“君子一言，驷马难追。”女孩也是一样啊，自己许下的诺言一定要履行，任何原因都不能成为失信的借口。

我是信守承诺的女孩！

1. 在答应别人一件事之前，先想清楚，自己是不是真的能做到。如果是不容易做到的事，就不要轻易答应对方。
2. 为了防止自己忘记，当与别人约好一件事后，及时用随身携带的记事本记录下来，提醒自己守时守约。
3. 我如果答应了别人，临时遇到别的重要的事，必须改变计划，一定要提前告知对方，并真诚地道歉。

我不是随口说说

“既然你喜欢，拿去就是啦！”

“真的？谢谢你！”

“我就是随口说说，你还当真啦！”

“说者无心，听者有意”，你只是一句客气话，一句随口说说，自己没当回事，可是听的人当了真，对对方来说，这种行为也是一种失信啊！

说话不可以不经大脑，也不要随便夸下海口，有时候一句无心的话，很可能造成很多误解。特别是面对心思细腻、多虑敏感的人，说话更需要三思，不能不计后果乱说一通。

那些不靠谱的随口说说：

- 为了拉拢人心，向很多人做出承诺，却极少做到。
- 为了炫耀自己，夸下海口，承诺根本做不到的事。
- 为了客套，以为别人不会当真，随口答应一些事。
- 为了安慰别人，撒下自认为善意的谎言。

随口说说的毛病改不掉，答应别人的事不是忘记，就是做不到，你在他人心目中的美好形象就会一落千丈，变成一个爱讲大话、不值得信任的人。当有一天，不管你说什么，人家都不再认真听了，那该多么可悲啊！

从现在开始，改掉随口说说的坏习惯吧，做一个诚实可信的女孩。

如此安慰

一定要守时呀！

班上组织星期天去春游，约好早上8点在学校门口集合。所有人都在约定时间之前赶到，只有齐珊迟迟未到，同学们的抱怨声此起彼伏。

艾梅每次邀齐珊出去玩，她没有一次守时的，而且每次打电话催她，她的回答都是："马上就到，马上就到！"当然，这个"马上"有可能是10分钟，也有可能是一个小时。次数多了，艾梅再也不愿意邀齐珊出去玩了。

没有人会喜欢一个总爱迟到的人，也许一两次还可以谅解，但是次数多了，这样的人必定会遭到别人的抱怨和嫌弃。

不守时的人不仅浪费了别人的时间，同样也在浪费自己的时间。因为不守时，我们很可能失去亲密的朋友；因为不守时，我们也可能会错失难得的机会。

守时是一种美德，也是我们守住信用的法宝，这是对别人的尊重，也是对自己的负责。

守时妙招

闹钟比脑子可靠，养成设定闹钟的好习惯。

在预计时间的基础上提前十分钟出发，留给意外状况。

坚持宁可早到也不迟到的原则。

实在赶不及的情况下，一定要提前告知对方，并准确给出更改的时间。

名人守时的故事

美国前总统华盛顿是个很守时的人。只要约定好时间，他都能做到一秒不差。

有一次，他的秘书迟到了两分钟，就向他解释道："很抱歉，我的表慢了。"

华盛顿听了，严肃地说："要么你换一只表，要么我换一个秘书。"

从此，他的秘书，还有身边的工作人员，再也不敢不守时了。

哪些是善意的谎言？

20世纪，有一架运输飞机在沙漠里遇到沙尘暴，机身严重受损，被迫降落。飞机不能飞了，通信设备也损坏了。在荒芜的沙漠中，九名乘客和一名驾驶员陷入了绝望。为了生存，他们开始疯狂地争夺食物和水。

紧急关头，一个乘客站出来说："大家别慌，我是飞机设计师，只要大家团结起来，听我的指挥，一定可以把飞机修好！"

大家一听，心中充满了希望。他们赶紧调整好情绪，自觉节省水和干粮，团结起来和困难作斗争。

十多天过去了，飞机并没有修好。但一支骆驼队经过这里，搭救了他们。

后来，大家才知道，那个指挥他们的乘客根本不是飞机设计师，而是一个根本不了解飞机的老师。因为他的谎言，给了所有人生的希望，才让奇迹发生。

有时候，一个善意的谎言就如同沙漠中的绿洲，给人生活的勇气和信心。善意的谎言是美丽的，它虽然不是事实，却充满了温暖和爱。

什么是善意的谎言

- 说谎的动机是出于善意和关心，以保护他人或不伤害他人为目的。
- 为了给他人树立信心，适当放大对方的能力和优点。
- 这种谎言不会阻碍诚信，也不会损害别人的利益，或给别人造成困扰。
- 善意的谎言一定要把握好度，一旦跨越底线，目的扭曲，就与善意无关了。

那么，就拒绝吧！

“齐珊，我肚子好痛呀，帮我扫一下地吧！”

“齐珊，这道题好难啊，快告诉我怎么做。”

“齐珊，我们一起去跳绳吧！”

……

一个下午，齐珊答应的事儿还真不少呢。她真希望自己有分身术，要不然这些事哪儿做得完呀！

艾梅看不下去了，就对齐珊说：“你自己的事儿也不少，就别答应那么多事嘛！”

“唉！能怎么办呢？我实在不好意思拒绝别人呀。”齐珊十分苦恼地说。

为了让自己拥有好人缘，为了不被人讨厌，我们对待别人的请求总是不忍心拒绝。不管自己有多忙，也不管对方的要求多过分，都会勉强答应下来。结果弄得自己分身乏术，还把许多事情搞砸，得不偿失。

这种情况下，我们应该学会拒绝。合理的拒绝并不是自私，而是对自己和他人负责的表现。因为一旦答应了别人，就要把事情做到最好。如果觉得自己做不到，与其将事情搞砸，弄得双方不愉快，还不如在这之前就委婉地拒绝对方。

那些该拒绝的事

自己能力以外的事
实在抽不出时间去做的事
违反纪律、不道德的事
以利益为诱惑的任何事

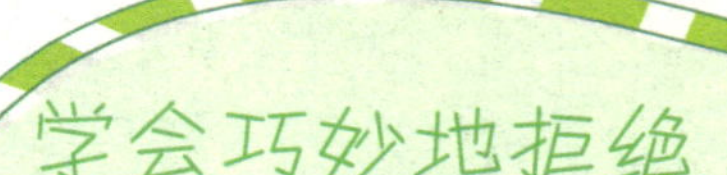

拒绝别人时面带微笑、态度和善，首先让对方感到舒心。
别急忙打断别人的话，先听别人说完，再委婉地拒绝。
拒绝时向对方解释清楚，并表达诚恳的歉意，缓解对方不好的情绪。
不要犹豫不决，一定要明确表达自己的立场和决定。

我可没吹牛

一天，齐珊和乔娜一起看书，齐珊突然问道：“世界上真的有外星人吗？”

乔娜一本正经地说：“当然有啦！我还看见过呢。”

“真的吗？”齐珊一脸天真地问道，“快告诉我，外星人长什么样？”

“外星人嘛！长着绿色的皮肤，有一个毛茸茸的大脑袋，脑袋上有一根触角，能释放出巨大的能量……”

乔娜还没说完，身后的王晓烁笑道：“你说的是《长江七号》里的七仔吧！”

有的同学很喜欢吹牛，为了表现自己很棒，显得自己见多识广，就夸大其词地炫耀自己，甚至编造谎话。久而久之，当大家发现她（他）爱吹牛之后，就不再相信她（他），甚至不愿意和她（他）一起玩了。

我们应该踏实一点，诚实一些，“知之为知之，不知为不知”，真实地展现自己。牛皮吹得太大，最终会破，而一贯重视信誉、讲求真实的人才能获得长久的尊重。

我不是大话精！

- 不知道的事就说不知道，不要不懂装懂。
- 不要夸大自己的能力，能做多大事就说多大话。
- 不要为了炫耀而捏造事实，有就是有，没有就是没有。

轻松一刻

四只老鼠在吹牛。

老鼠A：我每天都拿老鼠药当糖吃。

老鼠B：我一天不踩老鼠夹脚就发痒。

老鼠C：我每天不过几次大街不踏实。

老鼠D：时间不早了，回家遛猫玩去咯！

这个秘密不能说

星期天，齐珊去艾梅家玩。在艾梅的房间里，齐珊看到一张有趣的照片，一棵大树下站着一个光头“小男生”。

“这个男孩是谁呀？”齐珊指着照片问。

这时，艾梅妈妈端来一盘水果，她笑着回答道：“这就是艾梅，她小时候头上长了瘌痢，所以剃了光头。”

艾梅连忙大喊道：“妈，你怎么什么都说呀！”

机灵的齐珊赶紧伸出右手，郑重其事地发誓道：“你放心，我绝对不会说出去的。”

可是，第二天一早，全班都知道了这件事。从此，艾梅有了一个新外号——瘌痢头。

每个人都有一些小秘密不想被别人知道。如果朋友知道了你的秘密，仅仅为了自己开心，就不顾你的感受，大肆宣告天下，你是不是会很伤心、很气愤呢？

朋友之间，最重要的就是信任。如果不能为对方保守秘密，就失去了最基本的信赖，那还如何去做亲密的朋友呢？

让我们做一个体贴、善解人意的女孩吧！把别人的秘密当作自己的秘密，用心去守护它，也用真诚去守护身边的朋友。

我和她的秘密花园

朋友和朋友之间拥有小秘密，是一件很美妙的事。这是专属于你们的秘密花园，任何人都不能侵入。因为有了共同的秘密，你们的友谊会变得更加牢固。尽管这份秘密微不足道，也请守住它，因为它是友情的见证，也是信赖的印章。

并不是所有的秘密都要替别人保守的！下面这些秘密就不能守护：

对方犯了严重的错误，要求你替她（他）隐瞒。

对方想要报复某人，并将详细计划告诉你。

对方产生不好的念头，甚至想要伤害自己。

遇到这些情况，我们不能帮她（他）隐瞒秘密，而是要找能够处理此事的人，一起帮她（他）走出误区。

不管怎样，我相信你！

一天，陆希妍凑过来，悄声对艾梅说："我听李笑笑说，上次那件事是齐珊说出去的。"

"不可能，我相信齐珊，她绝对不会做这种事。"

正巧这时齐珊走了过来，听到了这句话，心里别提有多感动了，她对艾梅说："就算大家都不相信我，只要你相信我就好了。"

于是，两个好朋友幸福地拥抱在一起，流言也就不攻自破啦！

朋友之间，最重要的当然是信任啦！如果你对别人付出百分之百的信任，别人自然会回馈你百分之两百的信任。

相反，如果我们总是怀疑别人，对别人心存芥蒂，不管说什么、做什么都有所顾忌，无法真诚地面对他人，对方就会感觉到你的不信任，自然也会关紧自己的心门，凡事对你留个心眼。这样一来，还谈什么真挚的友谊呢？

试着相信别人

戒掉迫害妄想症

不要因为一次受伤，就否定身边所有的人，认为别人接近你都有目的，或者带着可怕的阴谋。

用语言和行动去支持

信任不要藏在心里，如果你相信（他），就大声说出来，并做出实际行动，让对方感受到你的信任。

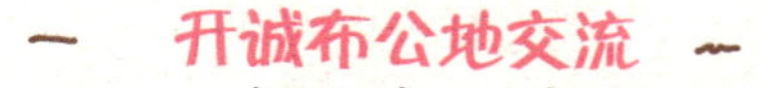

开诚布公地交流

心存疑虑，有所误会，就大大方方地提出来，并向对方表明自己的想法。误会解除了，彼此就会更加信任。